开 悟

谢 普◎编著

台海出版社

图书在版编目（CIP）数据

开悟 / 谢普编著 . -- 北京：台海出版社，2024.6
ISBN 978-7-5168-3866-2

Ⅰ.①开… Ⅱ.①谢… Ⅲ.①成功心理 - 通俗读物
Ⅳ.① B848.4-49

中国国家版本馆 CIP 数据核字 (2024) 第 101891 号

开悟

编　著：谢　普

出 版 人：薛　原	策划编辑：兮夜忆安
责任编辑：姚红梅	封面设计：韩月朝

出版发行：台海出版社
地　　址：北京市东城区景山东街 20 号　　邮政编码：100009
电　　话：010-64041652（发行，邮购）
传　　真：010-84045799（总编室）
网　　址：www.taimeng.org.cn/thcbs/default.htm
E-mail：thcbs@126.com

经　　销：全国各地新华书店
印　　刷：天津海德伟业印务有限公司
本书如有破损、缺页、装订错误，请与本社联系调换

开　　本：880毫米×1230毫米		1/32	
字　　数：112千字		印　　张：7	
版　　次：2024年6月第1版		印　　次：2024年6月第1次印刷	
书　　号：ISBN 978-7-5168-3866-2			

定　　价：48.00 元

前　言
PREFACE

　　有人说：觉醒的最高境界就是开悟。人一旦觉醒至开悟，就会像凤凰涅槃一般，脱胎换骨，如获新生，心窍从此打开……

　　确实如此，要不然，孔子也不会说"四十而不惑，五十而知天命"了。有的人，开悟早，他的人生就像挂了风帆，一路向前；有的人，开悟晚，大器晚成，厚积薄发，气势如虹，开疆拓土、著书立说、开辟事业，大有奔流到海不复还的架势！

　　这样的人生岂不畅快！这样的人生岂有不通达之理！

　　梳理古往今来的成功人士，我们会发现他们都有一个开悟的过程：他们中的大多数并不是想象中的命运宠儿。他们的曾经也如同你我一般，有过潦倒、痛苦、挣扎、失败、困惑。他们没有显赫的家世，没有名校的文凭。他们的起点，没有比我们高多少，有些甚至还要比我们低很多。

　　他们的成功之路告诉我们：即使你生来就一无所有，也完全可以做出一番大事业。只要开悟，你就能如获新生！

　　有些悟是熟读万卷的偶然得之，有些悟是突逢大变、痛彻心扉的领悟，有些悟是披荆斩棘、愈挫愈勇后的心领神会，总之开悟是一次机会，是一次挑战自我、战胜自我、超越自我的涅槃重生！

开悟没有那么难，前人已经将他们的领悟梳理成册，前有老子洋洋洒洒五千言，后有孔子的《论语》、司马迁的《史记》……

但这些至理名言、微言大义，你读得懂吗？是不是似懂非懂或根本不懂？本书融古今理智与性情，汇编成册。从关注个人成长和发展、启迪智慧、重启人生等方面进行阐述，语言简单易懂，道理通达透彻，篇幅短小精悍，体例完整严谨，层层递进，为你拨开人生的重重迷雾，帮你开悟，助你成长，直至将你送达人生的彼岸，成就卓尔不群的人生！

阅读此书，你将收获平静、豁达、通透。它将给你的人生疑惑提供答案，给你打拼的疲惫身躯一些心灵的慰藉。在你的人生路上，它将是一把钥匙，帮你解锁开悟，让你开启感受开悟之后的奇妙人生！

目　录
CONTENTS

**PART 1　在重建内心秩序时，
　　　　　自己的感受永远"置顶"**

改变心态，积极地面对生活 / 2

接纳生活中的负面情绪 / 13

克服惰性，不为拖延找借口 / 23

不断学习，不断精进 / 31

跳出常规，勇于挑战 / 39

用高尚的品格增加人生厚度 / 47

低调做人，高调做事 / 56

自我提升的三个途经，让你实现完美蜕变 / 69

**PART 2　在自愈中，
　　　　　摆脱情绪低落，保持内心稳定**

点亮人生最自信的一面 / 76

笑对生活，乐观面对一切 / 84

脚踏实地，踏上人生最务实的道路 / 91

注重细节，成功往往在细微处 / 101

把握当下，用行动化解迷茫 / 109

选择放下，享受当下 / 119

少些怨气，多些宽容 / 129

用淡然心面对繁华大千世界 / 137

知足常乐，把握现在 / 144

三大方法助力智慧增长，从容应对挑战与逆境 / 155

PART 3　在觉醒中，
活出自在人生，创造无限可能

你，才是自己的幸运星 / 162

心中有光明，才能点亮奇迹之灯 / 172

轻装前行，减掉心灵的负荷 / 180

敢挑战，不做枯井中的驴 / 189

超越自己，每天进步一点点 / 196

努力向前，驾驭人生的大局面 / 202

从三个维度重塑人生，开启新生活 / 213

PART 1

在重建内心秩序时，自己的感受永远"置顶"

改变心态，积极地面对生活

人生的精彩离不开不断地改变和提升。的确，不改变，就会看不清自己前进的道路；不提升，难以在人生的路上跨步向前。一个人要想取得成就，就必须不断地改变和提升自己，在具备与之等同的能力之后，才能获得美好的人生。

改变心态就能改变自我吗

一般的回答

改变心态确实很重要，但它不能完全改变一个人。自我改变需要付出很多努力，不仅仅是调整心态那么简单。

高情商回答

回答一：

改变心态是自我改变的一个重要方面，但它并不是唯一的。心态的调整可以为我们创造一种更加积极、乐观的面对生活的态度，让我们更加容易接受新的挑战和机会。然而，真正的自我改变需要我们在行为、习惯、思维方式等多个层面进行努力。我会鼓励自己保持开放的心态，同时也在实际行动中努力提升自己，以实现更加全面和深刻的自我改变。

回答二：

改变心态确实可以为自我改变提供动力和方向。积极的心态可以帮助我们更好地应对生活中的困难和挑战，让我们更加坚定地走向自己的目标。但是，我们也需要意识到，心态的改变只是自我改变的一部分。真正的改变需要我们付出实际的努力，包括学习新知识、培养新技能、调整行为模式等。因此，我会在调整心态的同时，也注重实际行动，通过不断的努力来提升自己，实现更加全面和深入的自我改变。

自信是一个人的软实力吗

一般的回答

自信确实很重要，但它并不能完全代表一个人的软实力。软实力还包括沟通能力、团队合作能力、解决问题的能力等多个方面。

高情商回答

回答一：

自信是一种积极的心态，是一个人对自我价值和能力的肯定。尤其在工作中，如果我们足够自信，就能尽己所能，充分利用自己的能力，成就一番非凡的事业，创造一个美好的明天。

回答二：

我认同自信是软实力的重要一环，因为它能帮助我们在各种场合下展现出自己的魅力和实力。然而，软实力并不仅限于自信。一个真正具备较强软实力的人，还需要拥有敏锐的洞察力、出色的沟通能力、卓越的团队协作能力以及坚韧不拔的意志力。这些能力共同构成了一个人的综合素质，让人们在各种挑战面前都能游刃有余。因此，我会在培养自信的同时，也努力提升其他方面的能力，让自己的软实力更加全面和强大。

在工作中要少抱怨多行动

一般的回答

确实，抱怨并不能解决问题，我会尽量多行动，用实际行动去解决问题。

开 悟

高情商回答

回答一：

我完全同意这个观点。在工作中，抱怨只会浪费时间和精力，无法带来实质性的改变。相反，我们应该把时间和精力投入到实际行动中，去寻找解决问题的方法和途径。我会努力调整自己的心态，以更加积极、主动的态度去面对工作中的挑战和困难，用实际行动去证明自己的能力和价值。

回答二：

抱怨确实不能解决问题，反而可能让人陷入消极的情绪中无法自拔。在工作中，我们应该保持积极的心态，多思考解决问题的方法，并采取实际行动去实现。我相信，只有通过不断的努力和实践，才能不断提升自己的能力和素质，实现个人和团队的共同进步。同时，我也会鼓励身边的同事和朋友一起行动起来，共同创造更加美好的工作环境和氛围。

面对职场上激烈的竞争和压力

一般的回答

真是压力山大，我都快要崩溃了。

高情商回答

回答一：

职场竞争确实激烈，压力也确实存在，但这正是我们成长和进步的动力所在。面对压力，我们不应该逃避或抱怨，而是要学会积极应对，寻找解决问题的方法和途径。我们可以尝试制订合理的工作计划，分解任务，逐步完成；也可以寻求同事、领导或者专业人士的帮助和支持，共同解决问题。

回答二：

职场上的竞争和压力确实无法避免，但关键在于我们如何面对和处理它们。首先，我们需要保持积极的心态，相信自己的能力和价值，相信自己能够应对各种挑战。其次，我们可以尝试通过合理的时间管理和任务分配来减轻压力，提高工作效率。我们也需要学会在适当的时候放松自己，调整心态，保持身心健康。只有这样，我们才能在激烈的职场竞争中保持优势，实现自己的职业目标。

有人对你说要自我激励，让自己每天进步一点

一般的回答

是的，我会尽力做到自我激励，让自己每天都能有所进步。

高情商回答

回答一：

我完全同意自我激励的重要性。每天进步一点点，不仅是

对自己的挑战，也是对自己的鼓励。为了实现这个目标，我会设定明确的目标和计划，时刻提醒自己要不断进步。同时，我也会寻找适合自己的激励方式，比如阅读励志书籍、与优秀的人交流等，来激发自己的积极性和动力。我相信，只要我坚持不懈地努力，就一定能够实现自我超越，成就更加美好的人生。

回答二：

自我激励是成功的关键之一，它能够让我们在困难面前保持坚定的信念和决心。为了让自己每天都能进步一点点，我会制定具体的目标和计划，并且不断地监督和调整自己的进度。同时，我也会寻找各种资源和支持，比如参加培训课程、与同行交流等，来提升自己的能力和技能。我相信，只要我们能够保持自我激励的精神，就一定能够在人生的道路上不断前行，实现自己的梦想和目标。

学会在工作中寻找乐趣

一般的回答

你说得对，虽然工作很枯燥，但我仍然应该尝试在工作中寻找乐趣，这样可能会更享受工作。

高情商回答

回答一：

我非常赞同这个观点。工作是我们生活中重要的一部分，如果能够在其中找到乐趣，那么我们的生活就会更加充实和美好。为了实现这个目标，我会尝试从不同的角度去看待工作，发现其中的乐趣和价值。同时，我也会与同事和领导积极沟通，共同创造一个积极、和谐的工作环境，让工作变得更加有趣和有意义。

回答二：

在工作中寻找乐趣是一种积极的生活态度。当我们能够在工作中找到乐趣时，就会更加投入和专注，也会更加有创造力和效率。为了实现这个目标，我会尝试将工作与兴趣爱好相结合，寻找其中的共通点，让自己更加享受工作的过程。同时，我也会不断地挑战自己，尝试新的任务和工作内容，让工作变得更加有趣和具有挑战性。我相信，只要我们保持这种积极的心态和态度，就一定能够在工作中找到乐趣，享受工作的过程。

谦虚不能过度

一般的回答

确实是这样，谦虚确实不能过度，否则就会显得不自信，甚至失去机会。

高情商回答

回答一：

谦虚是一种美德，但确实不能过度。过度的谦虚可能会让我们失去展示自己的机会，甚至让别人对我们的能力产生怀疑。因此，我认为谦虚和自信应该是相辅相成的，既要保持谦虚的态度，也要有足够的自信去展现自己的能力和价值。这样，我们才能在职场中更好地发挥自己的作用，实现个人和团队的共同进步。

回答二：

谦虚是一种重要的品质，它让我们保持谦逊、虚心的态度，不断学习和进步。然而，如果谦虚过度，就会显得缺乏自信和担当，甚至错失机会。因此，我认为谦虚和自信应该保持一种平衡的状态，既要有谦虚的态度，也要有自信和勇气去迎接挑战和机遇。只有这样，我们才能在职场中更好地发挥自己的优势，实现个人和团队的共同成长。同时，我们也需要根据具体情况和场合来灵活调整自己的态度和行为，以更好地适应不同的环境和需求。

接纳生活中的
负面情绪

生活中，遇到事情之后有情绪波动是正常的，没有反而不正常。接纳情绪是指体验并承认这些情绪的存在，当接纳了自己的情绪后，不因为其负面而感到羞耻、自责或担忧，这样会对之后的生活影响较小，反之则会陷入负面情绪中无法自拔。

你在工作中受不受得了委屈

一般的回答

工作中受点委屈是正常的，我会尽量忍受并适应。

高情商回答

回答一：

在工作中，受委屈是难以避免的。但是，我认为关键是要学会如何面对和处理这些委屈。我会尽量保持冷静和理智，不被情绪左右。同时，我会尝试从对方的角度去理解问题，找到解决问题的方法。最后，我会通过自我反思和总结，不断提高自己的能力和素质，避免再次受到类似的委屈。我相信，只有这样，我们才能在职场中更好地应对各种挑战和困难，实现个人和团队的共同进步。

回答二：

对于工作中的委屈，我认为接纳和理解是非常重要的。首先，我会承认这些情绪的存在，并尝试去体验和理解它们。其次，我会通过积极的方式去应对这些委屈，比如与同事、领导进行沟通，寻求解决问题的方法和途径。最后，我会将这些经历视为成长的机会，从中学习和吸取经验教训，不断提升自己的能力

和素质。我相信，只有通过这样的过程，我们才能真正地成长和
进步，成为更加优秀的职场人。

不要怕犯错，要学会在错误中成长

一般的回答

确实，很多时候我们都是在错误中成长的，但犯错会挨说，
我还是想尽量避免。

高情商回答

回答一：

在工作中，很多人都害怕犯错，一方面是觉得犯错很丢脸，
另一方面是不想为自己的错误承担责任。可俗话说得好："智者
千虑，必有一失。"即便一个人再聪明、再能干、再思虑周全，
也难免有犯错的时候。所以，我们要学会调整心态，不要害怕犯

错。只要我们能从错误中吸取教训，将自己所犯的错误转化成丰富的经验，那我们就能不断提升自己的素质和能力。

回答二：

我完全同意这个观点。犯错是成长的一部分，我们不能因为害怕犯错而停止前进的步伐。实际上，每一次犯错都是一个学习的机会，它让我们更深入地理解问题，更全面地考虑情况，更准确地找到解决方案。因此，我会勇敢地面对错误，坦然地接受失败，从中吸取教训，不断提升自己的能力和智慧。我相信，只有这样，我们才能在错误中不断成长，不断进步。

不要太浮躁，脚踏实地才是正途

一般的回答

你说得对，我会努力保持冷静，脚踏实地地工作。

高情商回答

回答一：

我非常赞同这个观点。在这个快节奏的社会中，我们很容易变得浮躁和焦虑。只有脚踏实地、稳扎稳打才能取得真正的进步和成就。为了实现这个目标，我会努力保持冷静和耐心，不被外界的干扰所影响。同时，我也会制定明确的目标和计划，一步一个脚印地前进。我相信，只有这样，我们才能在工作中取得更好的成绩，实现自己的价值和梦想。

回答二：

确实，脚踏实地是取得成功的关键之一。在这个充满竞争和挑战的社会中，我们需要保持冷静和耐心，不被浮躁的情绪干扰。为了实现这个目标，我会制定详细的目标和计划，并严格按照计划去执行。同时，我也会不断学习和提高自己的能力，不断积累经验和资源，为未来的发展打下坚实的基础。我相信，只要我们保持脚踏实地的态度和行动，就一定能够取得成功。

开　悟

不要什么都斤斤计较

一般的回答

好的，我会尽量不斤斤计较的，多一事不如少一事。

高情商回答

回答一：

我非常赞同这个观点。在生活中，我们经常会遇到各种琐碎的事情，如果我们总是斤斤计较，不仅会让自己疲惫不堪，还会影响与他人的关系。因此，我会尽量保持一种宽容和豁达的心态，不去过分计较一些小事。同时，我也会努力提高自己的修养和素质，让自己更加成熟和大气。我相信，只有这样，我们才能更好地与他人相处，享受更加美好的生活。

回答二：

确实，过于斤斤计较会让我们失去很多重要的东西，比如友谊、信任和尊重。在工作中，如果我们总是过分计较自己的得失，不仅会影响团队的合作和效率，还会让自己的职业生涯受到影响。因此，我会尽量保持一种开放和包容的心态，不去过分计较一些小事，同时，我也会努力提高自己的能力和素质，让自己更加有竞争力。

在人际交往中要尽量减少排斥感，避免冲突

一般的回答

我会尽量做到的，避免与人发生冲突。

高情商回答

回答一：

我完全同意这个观点。在人际交往中，减少排斥感和避免冲

突是非常重要的。为了实现这个目标，我会尽量保持一种开放和包容的心态，尊重他人的观点和选择。同时，我也会努力提高自己的沟通能力，学会倾听和理解他人，避免因为误解或沟通不畅而产生冲突。我相信，只有通过这样的努力，我们才能建立更加和谐的人际关系，让工作和生活更加美好。

回答二：

人际关系就像一面镜子，你改变的话对方也会改变。因此，我会尽量保持一种平和和理性的心态，学会控制自己的情绪和言辞，避免因为一时的冲动而伤害他人。同时，我也会努力提高自己的情商和人际交往能力，让自己更加擅长处理人际关系，减少排斥感和冲突。我相信，只有这样，我们才能在职场和生活中获得更好的成就和发展。

让大多数人真正痛苦和焦虑的问题是什么

一般的回答

我觉得可能是钱、工作、健康这些问题吧。

高情商回答

回答一：

可以试想一下，假如一个人一辈子不结婚不谈恋爱，不买房不买车，不生孩子不"内卷"，那么真正困扰他的问题有多少，我认为让大多数人真正痛苦和焦虑的问题往往不是没有钱，而是在乎周围人的目光和周围人对他的看法。当我们害怕这些时，很容易感到焦虑和无助。因此，我会努力听从自己的内心声音，明确自己的人生目标，从而摆脱迷茫和焦虑，过上更加充实和有意义的生活。

回答二：

让大多数人真正痛苦和焦虑的问题可能涉及人际关系、自我认同和未来规划等方面。当我们感到孤独、不被理解或者对未来充满恐惧时，这些问题就会变得更加突出。因此，我会努力与他人建立良好的关系，提高自我认知和自我价值感，同时积极规划自己的未来，从而减少痛苦和焦虑，过上更加幸福和满足的生活。我相信，通过这样的努力，就能摆脱内心的痛苦和焦虑，过上更加充实和有意义的人生。

克服惰性，不为拖延找借口

高峰只对攀登它而不是仰望它的人来说才有意义。行动高于一切。只有敢于行动，想法才能实现。"不可能"只存在于自己的想象中，天下事怕就怕认真二字，只要下定决心去干的事情，早晚都会成功。最终你就会发现：没有"做不到"的事情。

为什么总把希望寄托在明天

一般的回答

我就是有些拖延，老喜欢说明天再做吧，总觉得今天没准备好。

开 悟

高情商回答

回答一：

我明白你的疑问。有时把希望放在明天，并非出于懒散或拖延。我坚信，每个明天都是新起点、新机会。只要我保持积极的态度，坚持不懈，无论遇到什么困难，都能克服并实现目标。因此，将希望寄托于明天，实则是我对未来和自己的能力与潜力的信任。我会珍视每个明天，将其变为实现梦想的无限可能。

回答二：

你的问题引发了我深入的思考。确实，有时我把希望寄托在明天，可能是对当前任务感到畏惧或缺乏信心。但我深知这不利于我的成长。因此，我会克服惰性和拖延，将希望转化为实际行动。我会制定明确的目标和计划，积极寻找解决方法，不断提升自身能力和智慧。我坚信，只要敢于行动，不怕失败和困难，就能实现梦想。毕竟，高峰只对攀登者有意义，行动胜于一切。我会用行动证明决心和能力，让希望不再只是明天的梦想，而是今天的现实。

想到就要立即行动，不要坐失良机

一般的回答

你说得对，我应该立刻行动，不能错过机会。

高情商回答

回答一：

我非常赞同你的想法。机会往往只留给那些敢于行动、敢于冒险的人。坐失良机只会让我们错失发展的机会和可能性。因此，我会立即行动起来，抓住每一个机会，不让它们从我身边溜走。同时，我也会不断提升自己的能力和素质，为未来的机会做好充分的准备。我相信，只有敢于行动，才能赢得更多的机会和成功。

回答二：

你说得没错，想到就要立即行动，这是成功的重要法则之一。不管做任何事，迈出第一步都很重要。智者虽有千虑，如果不立即行动，也将一事无成；愚者虽少智慧，只要在行动中磨炼自己，也将心想事成。任何时候，我们不要忘记提醒自己：立刻行动，首先迈出第一步，切勿坐失良机！

不要为拖延找任何借口

一般的回答

我会尽量不再拖延，不找借口了。

高情商回答

回答一：

非常感谢你的提醒。当我们开始找借口的时候，胜败已成定局。其实，在每一个借口的背后，都隐藏着丰富的潜台词，只是我们不好意思说出来，甚至我们根本就不愿说出来。借口让我们暂时逃避了困难和责任，获得了些许心理的慰藉。但是，借口的代价却无比高昂，它给我们带来的危害一点也不比其他恶习少。所以我不会再为拖延找任何借口了。

回答二：

你说得对，拖延只会让我错过更多的机会和时间。借口只会让我更加懒散和缺乏动力。因此，我会积极采取行动，不再为拖延找借口。我会制定详细的时间表和计划，确保自己能够按时完成工作。同时，我也会学会自我管理和激励，保持积极向上的心态，不断提高自己的执行力和自律性。我相信，只有这样，我才能够真正摆脱拖延的困扰，实现更高的目标和成就。

开 悟

做事最好给自己定一个截止日期

一般的回答

好的，我会尽量给自己定一个截止日期的，这样就不会拖延了。

高情商回答

回答一：

非常感谢你的建议。设定一个截止日期确实是一个很好的方法，可以帮助我更好地规划时间和任务，避免拖延和浪费时间。我会认真考虑你的建议，并根据实际情况设定一个合理的截止日期。同时，我也会努力提高自己的工作效率和自律性，确保能够在截止日期之前完成任务。我相信，通过这样的努力，我一定能够摆脱拖延的困扰，实现更高的工作效率和成就感。

回答二：

我完全同意你的观点。工作要在截止日期前完成，这是我们每一个职场人都应该具备的最基本的职业操守。只有做到这一点，公司老板才能看到我们对岗位责任的执行能力，他才会放心地将工作交给我们去做，而我们也才有机会向其证明我们的实力和才华。工作的价值在于行动，雷厉风行或许容易差错，但总比什么都不做要强上许多。我们必须搞清楚一个事实，人并不是因为谨慎而赶不上火车的，纯粹是因为自己出发太晚。

不要等到准备好了再去做

一般的回答

我会尝试尽早开始的，不会再等到一切都准备好了。

高情商回答

回答一：

谢谢你的提醒。我明白你的意思，有时候我们过于追求完美和准备充分，反而错失了很多机会。确实，没有什么是完全准备好的，总有可以改进和优化的地方。因此，我会尝试尽早开始，边做边学，不断完善和调整。我相信，通过实践和经验积累，我能更好地应对各种挑战和机遇。同时，我也会保持开放和谦逊的态度，接受他人的建议和意见，不断完善自己。

回答二：

等待所有条件都具备再去做，往往意味着永远也做不成。因为总会有些事情不那么完美，总有些条件不那么具备。如果总是等到一切都准备好再去做，那么我们可能永远都无法开始。因此，我会尝试尽早开始，尽管可能面临一些挑战和困难，但我相信通过不断学习和努力，我会逐渐适应并取得进步。同时，我也会保持积极的心态和乐观的态度，不断激励自己前进。

不断学习，不断精进

学习是改变命运的重要途径。你能得到多少，往往取决于你知道多少。你的知识越多，你改变命运的能力就越强。我们常常看到这样一些人，他们的学历并不高，但专业知识很出色，那是因为他们有很强的学习能力。

学习必须要脚踏实地

一般的回答

好的，我会认真学习的，不会总想着走捷径。

高情商回答

回答一：

我非常赞同你的观点。学习确实需要脚踏实地，没有捷径可走。只有通过不断地积累和实践，才能真正掌握知识和技能。我会认真对待每一个学习机会，不断充实自己，努力提高自己的专业素养和综合能力。同时，我也会保持谦逊和虚心的态度，不断向他人学习和借鉴，不断完善自己。

回答二：

你说得对，学习需要脚踏实地，不能急功近利。学习中浅尝辄止，满足于一知半解，略有新知就骄傲自满，稍有进步就妄自尊大，以为已经掌握了所有知识，而不愿继续学习的人，最终难免失败，也不可能学有所成。所以，学习要脚踏实地。提高对学习的认识，端正学习态度，形成良好的学习习惯，这样必将会让我们受益终生。

处处留心皆学问

一般的回答

你说得对，我会多留心的。

高情商回答

回答一：

我非常赞同你的观点。处处留心确实可以学到很多学问。在日常生活中，无论是看书、听音乐、观察自然还是与人交流，都可以学到很多知识和经验。我会时刻保持好奇心和求知欲，积极学习和探索，不断提高自己的综合素质和能力水平。同时，我也会与他人分享自己的学习成果和心得，共同进步和成长。

回答二：

你说得很对，处处留心皆学问。生活可以简单，但绝不可以粗糙，养成留心的习惯，一个人的生活才会异彩纷呈。在奔腾的人生之河中，我们永远是学生，我们的老师是自然，是社会，是他人，是我们身边的一切。作为学生，我们不能让"视而不见""熟视无睹"遮蔽了自己探求知识的眼睛，麻痹了自己积极进取的意志。因此，生活的路上我们欣赏的不仅仅是自己脚下的风景。

技多不压身

一般的回答

我会多学习一些技能的，技多不压身嘛。

高情商回答

回答一：

我完全同意"技多不压身"的观点。在如今的社会中，多元化的技能确实能够为我们带来更多的机会和选择。我会积极学习并掌握更多的技能，这不仅是为了应对职业上的挑战，更是为了丰富自己的人生经验、拓宽视野。同时，我也会将学到的技能用于实际生活和工作中，不断提升自己的实践能力和综合素质。我相信，只有这样，我才能更好地适应社会的变化和发展，实现更高的目标和成就。

回答二：

你说得对，在这个"觅食艰难"的时代，大学生找不到工作已算不上什么奇事。所以，在"千军万马抢过独木桥"的同时，每个人应该着重培养自己的一技之长，以便于在将来更好地独立。

学习贵在学以致用

一般的回答

你说得对，我会把学到的知识用在实际中的。

开 悟

回答一：

我非常赞同你的观点，学习确实贵在学以致用。只有将学到的知识应用到实际中，才能真正发挥它的价值。我会努力将所学知识转化为实践，通过实践来检验和巩固所学知识，不断提高自己的实际操作能力和解决问题的能力。同时，我也会关注所学知识的实际应用场景，寻找更多的实践机会，将所学知识运用到更广泛的领域中，为社会的发展做出自己的贡献。

回答二：

你说得对，学习确实需要学以致用。如果你学识渊博，但却不知如何应用，那么你拥有的知识，就只是死的知识。死的知识不但对人无益，不能解决实际的问题，而且还可能出现弊端和害处，就像古代纸上谈兵的赵括一样，无法避免失败的结局。因此，我们在学习知识的时候，不但要让自己成为知识的仓库，还要让自己成为知识的熔炉，把所学的知识在熔炉中加以消化、吸收。

保持持续学习的心态

一般的回答

我会保持持续学习的态度的。

高情商回答

回答一：

我非常赞同你的观点，持续学习的心态对于个人成长和发展至关重要。在快速变化的时代，只有保持持续学习的态度，才能不断适应新的环境和挑战。我会将学习作为一种习惯，不断拓宽自己的知识领域，提高自己的综合素质和能力水平。同时，我也会与他人分享自己的学习心得和体验，共同推动团队和组织的发展。我相信，只有保持持续学习的心态，才能在这个充满变化的世界中保持竞争力。

回答二：

保持持续学习的心态是一种非常重要的素质。持续学习意味着我们需要时刻保持好奇心和求知欲，不断地拓展自己的知识和技能。这不仅可以帮助我们更好地适应社会的发展和变化，还可以提高我们的个人竞争力和创造力。为了保持持续学习的心态，我们可以制定学习目标和计划，积极寻找学习资源和机会，与他人分享学习心得和体验。只有这样，我们才能在不断的学习中持续进步，实现自己的人生价值。

跳出常规，勇于挑战

很多人总是利用经验和习惯去工作生活，新思维、新办法很难走进他们的脑海中，有些换个思路就能解决的问题，却因为自己的"守旧"而无法解决。打破思维定式，勇于创新，往往能轻松解决很多问题。

跳出常规，才能与成功相约

一般的回答

好的，我会试着跳出常规，寻找新的方法的。

高情商回答

回答一：

我非常赞同你的观点。跳出常规，勇于挑战，确实是实现成功的关键。很多时候，我们因为经验和习惯的束缚，无法看到问题的本质和解决方案。只有打破思维定式，尝试新的方法和思路，才能找到更好的解决方案。我会保持开放的心态，勇于尝试和创新，不断挑战自己的能力和极限，努力实现自己的目标和梦想。

回答二：

你说得很对，别人没有走过未必就充满着艰难险阻，你走了说不定会有意想不到的收获。跳出常规，勇于踏入那些别人未涉足的领域，还有一个最大的好处就是没有竞争力。只要你能克服了这一领域的本身环境带来的冲击就基本上算是成功了，因为跳出常规没有别人设下的陷阱，也用不着担心别人乘虚而入，你可以优哉而踏实地做事，一直到你所做的事情成功。

此路行不通，那就再找一条

一般的回答

好的，我会再找一条路的。

高情商回答

回答一：

非常感谢你的建议。生活中，有些人总是在一条路上不断地走。当无路可走的时候，便怨天尤人，抱怨别人没有尽心尽力帮助自己，抱怨自己为什么这么没用。实际上，路的旁边也是路。有时候我们走得不好，不是路太窄了，而是我们的眼光太狭窄了。最后堵死我们的不是路，而是我们自己。当一种方法解决不了问题的时候，不要抱怨，尝试着走别的路，也许那就是一条捷径。

回答二：

你提醒得很对，当一条路走不通时，我们应该积极寻找其他的路。人生就像是在丛林中探险，有时会遇到阻碍和困难，但只要我们保持勇气和决心，总能找到通往目的地的另一条道路。我相信，在困难和挑战面前，只要我们勇于尝试和探索，就一定能找到解决问题的方法。同时，我也会感激你的建议和支持，让我们一起努力，共同面对人生的挑战。

挑战传统就能获得成功

一般的回答

我会试着去挑战传统的，希望能获得成功。

高情商回答

回答一：

我完全同意"挑战传统是获得成功的关键"这个观点。勇于创新，大胆挑战传统方法和规则，是取得成功的有力保证，可以充分实现自我价值。要成功，就要勇于创新。如果一味地服从传统、按照规定好的条条框框埋头工作，那最多只能称得上是一个"本分"的人，离成功还是相去甚远。所以我们要挑战传统，勇于创新，从而获得成功。

回答二：

挑战传统确实是一种获得成功的途径。传统虽然有其优点，但也可能成为我们前进的绊脚石。通过挑战传统，我们可以打破束缚，释放创新的力量，寻找更好的解决方案。当然，挑战传统也需要勇气和智慧，需要我们做好充分的准备和规划。我会保持敏锐的洞察力和勇气，敢于挑战传统，为自己的成功之路创造更多的机会和可能性。

固执容易酿成大祸

一般的回答

是的，我会尽量避免固执的。

高情商回答

回答一：

我非常赞同你的观点，固执确实容易酿成大祸。固执的人往往只相信自己的观点，对别人的建议和意见置之不理，从而导致错误的决策和行动。为了避免固执带来的负面影响，我会保持开放和包容的心态，倾听他人的意见，理性分析和判断，不断修正自己的思路和行为。同时，我也会反思自己的固执心理，寻找根源，努力克服，以更好地适应社会和人际关系的发展。

回答二：

你说得对，固执确实容易让人走向错误的道路。心理学家认为，固执常和思维狭隘、不喜欢接受新事物、对未曾经历的东西感到担心相互联系，它是一种人格障碍。做人做事需要执着，但如果执着得过了头，就变成固执了，就会产生意想不到的后果。固执的人，其实就是和自己过不去。

不要一条道走到黑

一般的回答

我会考虑的，不会一条道走到黑的。

高情商回答

回答一：

非常感谢你的提醒，我会牢记不要一条道走到黑。人生就像是在大海中航行，有时候会遇到风浪和迷雾，如果我们一味地坚持原来的方向，可能会迷失方向，甚至遭遇危险。因此，我们需要时刻调整自己的航向，根据环境的变化和自身的实际情况，选择最适合自己的道路。只有这样，才能顺利地到达目的地，实现自己的人生价值。

回答二：

你的告诫非常及时，我会时刻警惕自己不要一条道走到黑。不要迷信以往的经验、传统和权威，也不迷信自己。用开放的胸怀接纳事物，用多变的思维解决问题！但是，有些人却常常陷入某种权威和思维定式之中，自设陷阱，自设障碍，以致"一根筋"地坚持到底，迷迷糊糊地转不过弯来，最终荒废了自己的聪明与才智。一根筋走到底的人，其实就是和自己过不去，自己给自己出难题。

用高尚的品格
增加人生厚度

高尚的品格，可以算是人生厚度的基础。它是一个人最宝贵的财产，它比财富更具威力，它使所有的荣誉都毫无偏见地得到保障。它时时可以对周围的人产生影响，因为它是一个人被证实了的信誉、正直和言行一致的结果，而一个人的高尚品格比其他任何东西都更显著地影响别人对他的信任和尊敬。

相信正直的力量

一般的回答

我会记住要相信正直的力量的，努力做个正直的人。

高情商回答

回答一：

我非常赞同你的话，相信正直的力量是非常重要的。正直的品行会给人带来许多好处：友谊、信任、钦佩和尊重。人类之所以充满希望，原因之一就在于人们似乎对正直的品行更具有一种近于本能的识别能力，而且不可抗拒地被它吸引。具有正直品行的人，一旦和坚定的目标融为一体，那么他的力量就可惊天动地，势不可挡。

回答二：

我完全同意要相信正直的力量。正直不仅是我们内心的坚定信仰，更是我们行为的准则。在复杂多变的社会中，正直的力量可以让我们保持清醒的头脑，不被世俗的浮华所迷惑。正直的品行可以让我们赢得他人的信任和尊重，让我们在人生的道路上更加坚定自信。因此，我会时刻牢记正直的力量，让它成为我人生的动力源泉，推动我不断前行，追求更加高尚的品格和更加美好的人生。

怎样才能做一个正直的人

一般的回答

正直是一种内在的品质，只要坚持原则，不做违法乱纪的事情，应该就是正直的人吧。

高情商回答

回答一：

要想成为一个正直的人，可以从以下几个方面着手：1.始终坦诚面对自己和他人，不撒谎、不隐瞒，勇于承认错误并承担责任。对待事物客观公正，不夸大、不缩小，保持真实的态度。2.尊重他人的权利和尊严，不歧视、不欺凌，关心他人的需要和感受。秉持公平的原则，不偏袒、不徇私，对人对事都保持公正的态度。同时，追求正义，勇于维护社会公正和公平。3.注重道德修养，遵循道德规范，不做损害他人或社会利益的事情。塑造正确的价值观，并将其贯穿于自己的言行举止中。4.在面对困难和挑战时，不轻易妥协或放弃，而是坚持自己的原则和信念，勇于承担责任并寻求解决问题的办法。5.不断学习，提升自己的知识水平和道德修养，不断完善自己。同时，自我反省，及时纠正自己的错误和不足，不断进步。

回答二：

正直的品质并非一蹴而就，它需要我们在日常生活中不断积累和修炼。首先，要有坚定的信仰和价值观，明确自己的人生目标和追求。其次，勇于面对自己的不足和错误，敢于承认并改正自己的错误。再次，尊重他人，关心他人，积极帮助他人解决问题。最后，要时刻保持一颗真诚、善良、公正的心，以正直的品格赢得他人的尊重和信任。只有这样，我们才能成为一个真正正直的人，为自己的人生厚度增添更多的光彩。

对人要发自内心的真诚

一般的回答

我会尽力做到的，对他人真诚是我的原则。

高情商回答

回答一：

我们要真诚地做人处事，思想、品格、言行都要真诚，都要发自内心、自然而然地表现出来。不加修饰、由内而外散发的美，才是最吸引人、光彩夺目的。而真诚的反面是虚伪，自欺欺人。靠戴假面具过日子、虚伪矫饰的人一生都在演戏，给人留下伪佞可憎的形象，自己也会因此丧失本性，忍受心理上的折磨。只有真诚坦率的人才会不失本色，才能拥有厚实的人生。

回答二：

真诚是一种无价的品质，它源自内心的善良和正直。我坚信，只有真心对待他人，才能收获他人的真心。我会在日常生活中，努力展现自己的真诚，无论是言语还是行动，都力求表达内心的真实想法和感受。同时，我也会尊重他人的感受，用心去倾听和理解他人，以真诚的态度赢得他人的信任和尊重。我相信，只有真诚对待他人，我们的人生才会更加充实和美好。

人无诚信而不立

一般的回答

我非常同意这句话，诚信是一个人的立足之本，没有诚信的人是难以在社会上立足的。

高情商回答

回答一：

我深表赞同。诚信就像一面镜子，反映出一个人的品格和价值观。没有诚信，一个人就像没有灵魂的躯壳，难以在社会中立足。诚信不仅是一种道德准则，更是一种人生态度。它要求我们在言行上保持一致，遵守承诺，不欺骗、不偷盗、不抄袭。只有这样，我们才能赢得他人的信任和尊重，为自己的人生道路铺设坚实的基石。

回答二：

我完全同意这句话。一个不诚信的人，在这个人与人互动互助更加密切的今天，要想获得事业、爱情、友谊的成功是很困难的。诚信是做人原则中最根本的一条。一个人如果时时、处处、事事讲信用，那么他的事业一定会走向成功，人生将会亮丽多姿。

做人要有担当

一般的回答

你说得对，我会记住做人要有担当的，我会尽我所能去承担责任和义务。

高情商回答

回答一：

担当是一种非常重要的品质，它体现了一个人的责任感和勇气。当我们面临困难和挑战时，有担当的人不会选择逃避，而是会勇敢地承担责任，寻找解决问题的方法。这种品质不仅让我们在困难面前更加坚定，还能够赢得他人的信任和尊重。因此，我会时刻牢记要有担当，不断提升自己的能力和素质，为人生厚度的增加贡献自己的力量。

回答二：

勇于承担责任，别人就会被你的态度所打动，对你产生信任。信用越好，人缘就越好，机会就越多，就越能打开成功的局面。虽然在做事的过程之中，每个人都会犯错误，但是一定要能自己主动承认错误，不推卸责任，这样才能赢得别人的尊重。

低调做人，高调做事

　　低调做人是做人的最佳姿态，为人们所接纳、所赞赏、所钦佩，也是人能立世的根基。根基既固，才有枝繁叶茂、硕果累累；倘若根基浅薄，便难免枝衰叶弱、不禁风雨。低调做人，不仅可以保护自己、融入人群，与人们和谐相处，也可以让人暗蓄力量、悄然潜行，在不显山不露水中成就事业。

　　高调做事，指的是当一个人设定了目标时，便要坚决地去执行。该出手时要出手，行事果敢、决断，而不必拘泥于他人的议论与看法。

为什么做人应该低调

一般的回答

因为低调做人可以让我们更加谦逊、虚心，不会骄傲自满，也不会引起他人的反感。同时，低调做人还可以让我们更好地融入团队，与同事和睦相处，共同实现目标。

高情商回答

回答一：

低调是做人的美德。一个成熟的人、有成就的人，在遇事时往往低头忍让，而非自高自大。有句民谚说得好："低头的是稻穗，昂首的是稗子。"越是成熟饱满的稻穗，头就垂得越低，只有那些稗子，才会显摆招摇，始终把头高高地昂起。有知识、有修养的人，像饱满的稻穗，永远谦逊地保持着低垂的姿态，只有那些浅薄和无知的人，才像稗谷一样高昂着头。

回答二：

低调是一种成熟的表现，它体现了一个人对自己和周围环境的认知和尊重。当我们保持低调时，不仅可以避免因为骄傲自满而犯错，还可以更好地观察和学习他人的优点和长处，不断提高自己的能力和素质。同时，低调做人还可以让我们更好地处理人际关系，减少人际摩擦和冲突，为自己和他人创造更加和谐的工作环境和生活氛围。因此，我认为做人应该时刻保持低调的态度，这样才能在人生的道路上走得更远、更稳健。

为什么真正有本事的人不吹嘘

一般的回答

因为真正有本事的人知道自己的能力，不需要通过吹嘘来证明自己。他们更注重实际行动和成果，而不是口头上的夸耀。

高情商回答

回答一：

真正有本事的人通常具有内在的自信和实力，他们不需要通过吹嘘来展示自己的能力和成就。相反，他们更注重实际行动和成果，通过不断努力和实践来证明自己的价值。他们明白，真正的成功来自不懈的努力和实际的成果，而不是空洞的言辞和夸耀。因此，他们更愿意保持谦逊和低调，用实际行动来赢得他人的尊重和信任。

回答二：

真正有本事的人知道，吹嘘只会让自己显得虚浮和不成熟。诚然，卖弄自己之能，吹嘘自己的风光之事和得意之事，能赚到一些艳羡，却也会招来一些妒忌、反感甚至厌恶。爱自我显摆的人，是交不到真正的朋友的。因为他自视清高，鄙视一切，不大理会别人的意见。这种人只会吹牛，朋友们避之唯恐不及。这种人常自以为最有本领，觉得干什么都没有人比得上他，瞧不起别人，结果使自己成为孤立者。

为什么聪明的强者都会示弱

一般的回答

聪明的强者示弱，是因为他们知道如何运用智慧和策略，以退为进，更好地达成自己的目标。他们不会过于夸耀自己的实力，而是会在适当的时候展示自己的优势，以最小的代价取得最大的胜利。

高情商回答

回答一：

聪明的强者示弱，是因为他们懂得如何运用智慧和策略，以柔克刚，更好地掌控局面。他们明白，过于张扬自己的实力只会引起他人的反感和警惕，而示弱则可以让自己更加低调、谦逊，更容易获得他人的信任和支持。同时，示弱也可以让聪明的强者更好地观察和分析对手的行为和意图，从而制定出更加精准、有效的策略，以最小的代价取得最大的胜利。因此，聪明的强者往往会选择示弱。

回答二：

人人都喜欢当强者，但强中更有强中手。一味地好强，自有强人来磨你。木秀于林，风必摧之。热衷于逞强的人终究是成不了气候的。因此，聪明的强者都知道以弱胜强，在适当的时候示弱。在强者面前示弱，可以消除他的敌对心理。谁愿意和一个不如自己的人计较呢？除了在强者面前要学会示弱外，在弱者面前我们也应该学会示弱。在弱者面前示弱，可以减轻对方的压力，拉近彼此的距离。

开 悟

怎样在世态炎凉面前保持宠辱不惊

一般的回答

面对世态炎凉，保持宠辱不惊的关键在于内心的平和与坚韧。我们要明确自己的价值观，不受外界评价的影响，保持冷静和理智，不被情绪左右。

高情商回答

回答一：

保持宠辱不惊，首先要修炼内心的平和与坚韧。一个宠辱不惊的人在日常生活和人际关系上，总有宽松闲适的心态和表现，这是文化陶冶和思想修养的体现，所谓"君子坦荡荡，小人长戚戚"。一个坦坦荡荡、人格纯洁的人，他的心是宁静安逸的，而蝇营狗苟的小人，其心境永远是风雨飘摇的。有自知之明者，就能在平平淡淡中找寻人生的支点，宽厚豁达，珍重别人，向往高山流水，喜欢四季风景。人世炎凉，人情百态，看淡看轻，乐又何妨？怒又何妨？

回答二：

面对世态炎凉，保持宠辱不惊需要有一种超脱的心态。我们要明白，人生中的荣辱得失都是暂时的，不必过分在意。只有保持内心的平和与坚韧，才能在复杂多变的社会中立足。同时，我们也需要学会调整自己的期望值和心态，不要过于追求完美和成功，而是要在不断努力和奋斗的过程中享受人生的美好和成长。在这个过程中，我们可以向身边的成功人士学习他们的心态和应对方式，不断提高自己的心理素质和应对能力。

为什么得意忘形难以长久

一般的回答

是的，得意忘形真的难以长久，很容易遭遇挫折，导致失败。

高情商回答

回答一：

得意忘形之所以难以长久，是因为当一个人过于沉浸在成功的喜悦中时，很容易陷入盲目自信和骄傲自满的泥潭。这种心态会使他们失去对现实的清醒认识和对自己的准确定位，导致在面对新的挑战和机遇时缺乏必要的谨慎和谦虚。长此以往，他们可能会逐渐远离成功，走向失败和挫折。因此，我们应该时刻保持谦逊和低调，不断反思自己的不足和需要改进的地方，以确保自己的成功能够持久。

回答二：

人在得意时总容易忘乎所以，这是人的本性，而忘乎所以的结果，往往是使自己失去理性，做出不合理的举动，甚至走向堕落、败亡的深渊。欢喜过了头，往往就是悲剧的开始。所以任由得意时的情感过度发展，肯定不会有好的结果。人的情感需要理智的制约，适时地给自己立个座右铭，就像给自己套上了"紧箍咒"、系上了"安全带"，虽不自由，却能约束自己少犯错误。

抓住机会展现才华

一般的回答

当然，抓住机会展现才华是非常重要的。我们应该时刻准备好，当机会来临时，要果断行动，充分展示自己的能力和潜力。

高情商回答

回答一:

抓住机会展现才华确实至关重要，但我们也应该明确，机会并不是随时都有的，也不是每个人都能够遇到的。因此，我们需要时刻保持警觉和敏锐，善于发现和抓住每一个机会。同时，我们也需要不断提升自己的能力和素质，让自己更加优秀和有竞争力。在抓住机会的同时，我们也需要注重与他人的合作和沟通，以便更好地实现自己的目标和梦想。

回答二:

展现才华固然重要，但更重要的是要把握时机和方式。我们应该在适当的时机和场合下展示自己的才华，而不是盲目地炫耀和卖弄。同时，我们也需要注意自己的言行举止，保持谦逊和低调，不要过于张扬和傲慢。只有这样，我们才能真正赢得他人的尊重和信任，实现自己的价值和梦想。此外，我们还需要不断地学习和进步，提高自己的综合素质和竞争力，以便更好地应对未来的挑战和机遇。

成大事要戒急用忍

一般的回答

确实，要成就大事，耐心和冷静是不可或缺的。我们不能急于求成，要有足够的耐心去等待最佳时机。

高情商回答

回答一：

"戒急用忍"是一种智慧，也是一种态度。在追求成功的过程中，我们往往会面临各种挑战和困难，这时就需要我们保持冷静和耐心，不急于求成。因为，真正的成功往往需要时间的积累和沉淀。同时，我们也要学会忍耐和坚持，面对挫折和困难时不气馁、不放弃。只有这样，我们才能在逆境中不断成长，最终成就大事。

回答二：

工作中受到领导批评，不妨先忍耐一下，冷静下来找出差距和不足，及时改正，然后再图发展，切不可意气用事，与领导顶撞或匆匆辞职了事。与朋友同事发生矛盾，也不妨先退一步，化解矛盾，以便和好如初。人生是复杂的，成大事往往需要能屈能伸，戒急用忍，不计较面子、身份、地位，也不急着出头露脸。这种日子虽然容易让人沉不住气，但只要沉得住气，就有希望，就有成功的机会。

自我提升的三个途经，让你实现完美蜕变

人生，努力提升自己，永远比仰望别人有意义。实现自我提升是一个持续且多维度的过程，涉及心态的转变、知识的积累以及实际行动的落实。自我提升不仅要靠自己坚持，还需要好方法的指引。以下为大家分享三个改变途经，帮助你快速提升自己，实现完美蜕变。

途经一：改变心态

诗人汪国真曾言："心晴的时候，雨也是晴；心雨的时候，晴也是雨。"此言揭示了一个深刻的道理，即人的生存状态深受心态影响。生活，本就是一个充满波动与变迁的过程，我们需要在得失、成败之间，不断调整自身心态，以适应变化。

要实现这一目标，必须学会自我管理。通过提升自身能力，减少不必要的内耗。只有这样，我们才能逐步走向独立与强大。同时，我们也要认识到，每个人都是独一无二的，需要明确自己的定位，并坚守之。唯有如此，我们才能在生活的道路上稳步前行，实现自我价值。

　　改变心态是实现自我提升的第一步。一个积极、开放和进取的心态能够激发我们的潜能，使我们更加勇敢地面对挑战和困难。愿我们都能改变自己，成就精彩的人生。

途经二：不断学习

　　在如今这个日新月异的时代里，唯有不断学习，才能紧跟时代步伐，让自己变得越来越好。让学习成为一生的必修课，我们才能拥有更多可能。

　　越是优秀的人，越懂得持续学习的重要性。掌握更多的技能，意味着更多的机遇，以及更强大的竞争力。

　　学习不仅仅是为了应对外界的变化，更是为了内心的成长和丰富。在知识的海洋中，我们不仅可以找到解决问题的钥匙，更能找到心灵的寄托和安慰。每一本书、每一堂课、每一次经历，都是一次心灵的旅行，让我们更加深刻地理解世界和自己。

当然，学习也需要有正确的态度和方法。不能只是盲目地追求知识，更要注重知识的质量和实际应用。我们要学会筛选和整合信息，把学到的知识真正转化为自己的能力和智慧。同时，我们也要保持一颗谦虚的心，不断反思和修正自己的认知，不断向更高的目标迈进。

在这个信息瞬息万变的时代，学习已经成了一种生活方式。让我们把学习当作一种习惯、一种态度、一种精神追求，让知识成为我们前进的动力和支撑。无论身处何地，无论面对何种挑战，只要我们保持学习的热情和毅力，就一定能够不断超越自己，成就更加辉煌的人生。

途经三：付诸行动

"行动是通向成功的阶梯。"这是美国作家洛伊德·乔治的名言。行动是实现自我提升的必要步骤。只有将所学知识和想法付诸行动，我们才能真正地提升自己的能力和素质。

在生活中，很多人常常抱怨自己的境遇不佳，认为自己没有机会，却很少愿意主动去改变现状。然而，只有通过积极主动的行动，才能够掌握自己的命运，成为自己的靠山。

付诸行动需要勇气和决心。面对困难和挑战时，我们可能会感到害怕和不安。但是，只有勇敢地迈出第一步，才能够逐渐克服这些困难，走向成功。同时，我们也需要制定明确的目标和计划，确保自己的行动是有目的和有意义的。在行动的过程中，我们还要不断反思和调整，及时纠正错误，不断完善自己。

付诸行动也需要耐心和毅力。成功不是一蹴而就的，需要我们不断地努力和积累。在这个过程中，我们需要保持积极的心态，不断激励自己，坚持不懈地追求自己的目标。只有这样，我们才能够在行动中不断成长，实现自我提升和完美蜕变。

　　总之，自我提升是一个持续且多维度的过程，需要我们从心态、学习和行动三个方面入手。通过改变心态、不断学习和付诸行动，我们可以逐步提升自己的能力和素质，实现完美蜕变。让我们从现在开始，努力提升自己，创造更加美好的未来！

开 悟

三个途经实现自我提升

改变心态

你知道吗，我最近心态改变了很多。

真的吗？发生了什么让你有这样的改变？

不断学习

我开始意识到，生活中的很多烦恼和焦虑都是因为我过于关注结果，而忽略了过程。于是我开始阅读心理学的书籍。

这是个很好的改变。很多人都在追求结果，却忽略了真正重要的过程。你能从过程中学习，这是非常宝贵的。

付诸行动

在学习中，我开始意识到过于关注结果会让我失去很多过程中的乐趣。现在，我学会了享受过程，我发现生活中有很多之前忽略的美好瞬间。

是的，享受过程不仅可以让我们更加放松和自在，还可以让我们更好地专注于当下，而不是总担心未来。

PART 2

在自愈中，摆脱情绪
低落，保持内心稳定

点亮人生
最自信的一面

　　没有谁的人生一帆风顺。要想活出自己的精彩，不管遇到了什么样的困难险阻，都要勇敢面对。不要低迷消沉，不要因为自己心情不好，就失去自信和活着的斗志，一定要让自己的人生充满自信和阳光。

自信就是要告诉自己没什么不可能

一般的回答

　　确实，自信是一种非常重要的品质。告诉自己没有什么不可能，可以帮助我们克服困难和挑战，实现自己的目标。

高情商回答

回答一：

永远不要消极地认定什么事情是不可能的。首先要认为自己能，然后去尝试、再尝试，最后就会发现自己确实能。世界上有不少事情都是因为个人的努力不懈才获得良好成果的。因此，每当要下决心做事情的时候，就应坚持变"不可能"为"可能"。

回答二：

告诉自己没有什么不可能，是一种积极的心理暗示和自我激励。它可以帮助我们克服恐惧和不安，增强自信心和勇气，从而更好地面对挑战和困难。但是，我们也需要意识到，自信和成功并不是一蹴而就的，需要我们付出努力和汗水，持续不断地追求和进步。因此，在追求目标的过程中，我们需要保持耐心和坚韧，不断地挑战自己、超越自己，才能真正实现自信和成功。同时，我们也要学会接受失败和挫折，从中汲取经验和教训，不断提高自己的能力和素质，为未来的成功打下坚实的基础。

开　悟

不必自卑，你不比任何人差

一般的回答

听到你这样说，真的很感激。我确实需要更加自信，不再自卑。你说得对，我并不比别人差。

高情商回答

回答一：

谢谢你的鼓励，你的话让我感到很温暖。我一直都在努力摆脱自卑的情绪，尝试以更积极的心态去面对生活。我深知，每个人都有自己的长处和短处，而我需要做的就是不断发掘和提升自己的优点，同时努力改进自己的不足。我相信，只要持续努力，我一定能够做得更好，不辜负你的期望。

回答二：

没有自信，也就意味着我们给自己画地为牢，牢外的世界是我们没有资格碰触的，成功是属于别人的，等待我们的只有失败。长期这样否定、打击自己，我们当然没办法用心工作，而一旦缺少锻炼的机会，我们的能力自然也得不到提升，最后就只能眼睁睁看着别人一路升职加薪了。所以，如果我们不想得到这样一个惨淡的结局，那从现在开始，就要打破自卑的枷锁，重新点亮自信心，多给自己一点肯定、认可和鼓励，抬头挺胸投入职场，用心将工作做好。

不用害怕，困难只是暂时的

一般的回答

你说得对，困难只是暂时的，我会努力克服它们，不让它们影响我太久。

开 悟

高情商回答

回答一：

相信很多人都听过这样一句话——世上没有绝望的处境，只有对处境绝望的人。很显然，在遇到困难的时候，缺乏自信的人最容易心生绝望，一方面，他们过于夸大了困难的可怕；另一方面，他们又小瞧了自己的实力。其实，困难只是一只"纸老虎"，我们完全不必感到害怕，相反，我们要拿出更多的自信，争取在气势上镇压住它，然后再一举攻克它，取得最终的胜利。

回答二：

你说得很对，困难只是暂时的，而它们也是我们成长和进步的阶梯。每当我们遇到困难和挑战时，都可以从中学习到很多东西，发现自己的不足和需要改进的地方。因此，我不会害怕困难，而是会勇敢地面对它们，从中汲取力量和智慧。同时，我也会感谢这些困难，因为它们让我更加坚强和有韧性，让我更加珍惜现在所拥有的一切。

坚持走自己的路

一般的回答

谢谢你的建议，我会记住坚持走自己的路，不轻易被他人的意见左右。

高情商回答

回答一：

非常感谢你的建议，我深知坚持走自己的路是非常重要的。在人生的旅途中，我们会遇到很多人和事，他们的意见和建议可能会对我们的决策产生影响。然而，只有坚守自己的信仰和原则，我们才能始终保持清醒的头脑，做出正确的选择。因此，我会牢记你的建议，坚持走自己的路，勇敢追求自己的梦想和目标。

回答二：

走自己的路，做自己生命的主宰，不管多么崎岖、坎坷也要义无反顾。不要在意别人的冷言冷语，让他们说去吧！和大多数人不一样的，未必是错误的；自己的想法别人不一定认同，毕竟别人的经验不一定适合自己。要相信，终有一天你会发现你的梦想不再遥远，成功触手可及。

学会自我激励

一般的回答

是的，我知道自我激励很重要。我会努力学习自我激励，让自己更加自信。

高情商回答

回答一：

我非常赞同你的观点，自我激励是建立自信的关键之一。我会尝试寻找自己的内在动力，设定明确的目标，并为自己制定合适的奖励机制。当遇到挫折和困难时，我会鼓励自己坚持下去，相信自己的能力，不断地激励自己向前迈进。这样的自我激励会让我更加自信、坚定和勇敢，面对各种挑战时也能够保持积极的心态。

回答二：

当遇到困难和挫折时，给自己一些鼓励和支持，让自己重新振作起来。自我激励的方式有很多种，可以是一段励志的话语、一首激励的歌曲，或者是一次短暂的冥想。这些小小的举动，都能够帮助我们恢复信心，继续前行。

笑对生活，乐观面对一切

当有不愉快的事情降临的时候，我们务必要保持乐观精神，因为乐观才会有希望，乐观才能成就精彩人生。无论生活带给我们怎样的挫折与磨难，都应该用乐观的心态去面对。因为，乐观的心态是保持生命充满活力的最佳良药。

微笑是最好的疗伤药

一般的回答

你说得对，微笑确实是最好的疗伤药。每次遇到困难或不开心的事情时，我都会尝试微笑面对，这样确实让我感觉好多了。

高情商回答

回答一：

微笑确实是最好的疗伤药，它能够瞬间化解我们内心的忧伤和痛苦。每当遇到不愉快的事情时，我都会选择用微笑去面对，因为我相信，微笑有一种神奇的力量，它能够让我重新找回自信和勇气，去迎接生活的挑战。同时，微笑也是一种态度，它代表着我对生活的热爱和感恩，让我更加珍惜当下的每一刻。

回答二：

生命是多彩的，它对每个人都是平等的，关键是看你如何把握生活、享受生活。用微笑来面对生活，即使在寒冷的冬天也会感到生活的温暖，漆黑的午夜也会看到希望的曙光。用微笑来面对生活，用微笑来面对每个人、每件事，你就会看到阳光灿烂，迎接你的必定是一路的鸟语花香。

开 悟

乐观能成就精彩人生

一般的回答

我完全同意，乐观确实能够成就精彩人生。只有保持乐观的心态，我们才能更好地面对生活中的各种挑战和困难，才能更加珍惜生命中的每一个美好瞬间。

高情商回答

回答一：

很多时候，影响我们命运的绝不仅仅是外在的环境，心态影响着人的行为和思想，心态也决定了人生态度。用乐观的心态看待人生，是我们应有的生活态度，遇到倒霉事时，如果能放松心情，那么，我们不仅能轻松应对，更能盼到转机的到来。

回答二：

乐观的人，往往能够在生活的舞台上展现出更加耀眼的光芒。他们不会因为一时的失败和挫折而气馁和放弃，而是会从中汲取经验和教训，不断提升自己的能力和素质。他们总是能够看到生活中的美好和希望，总是能够用积极的心态去面对生活中的各种挑战和困难。因此，我相信，只要我们保持乐观的心态，就一定能够成就属于自己的精彩人生。

朝着太阳，你就看不到阴影

一般的回答

你说得对，只要我朝着太阳前进，就不会看到阴影。我会尽力保持积极的态度，勇往直前。

开 悟

高情商回答

回答一：

是啊，面对光明，阴影永远在我们身后。人生在世，困难、挫折、失恋、破产、疾病、死亡等种种困扰要挡也挡不住，想躲也躲不开，而且，你越是想躲开，它们就好像离你越近，老是缠着你，不让你脱身，不让你到欢乐的人群中去，不让你享受生命的欢乐。为什么不勇敢地去面对困扰呢？"是非成败转头空"，但历程永恒。总是计算得到多少、失去多少，未免狭隘。

回答二：

我非常赞同你的观点。朝着太阳前进，不仅是为了避免阴影的困扰，更是为了追寻心中的梦想和目标。生活中的阴影只是我们成长道路上的试炼和考验，只有经历过这些，我们才能更加成熟和坚强。因此，我会勇敢地朝着太阳前进，迎接生活中的每一个挑战和机遇。

笑容满面的人会显得年轻

一般的回答

确实，笑容满面的人看起来总是更年轻、更有活力。笑容可以让人焕发青春，让人看起来更加有朝气。

高情商回答

回答一：

一个常常面带微笑的人，无疑是有福气的，因为笑容能带来无尽的幸福与快乐。时间总是不留情面，会让我们的容颜老去，但是只要我们始终保持微笑，内心的青春与活力就会一直保持，人也会显得年轻许多。

回答二：

笑容是一种最美的语言，它能够跨越年龄、文化和语言的障

碍，让人与人之间更加亲近和融洽。笑容可以让人忘却烦恼和忧

愁，让人保持一颗平和的心，从而显得更加年轻和从容。因此，

我相信，只要时刻保持微笑，就能够让自己更加年轻、更加美

丽，也能够让身边的人感受到温暖和关爱。

脚踏实地，踏上人生最务实的道路

俗语云："一分耕耘，一分收获。"只有勤勤恳恳、脚踏实地地去干一件事才会有所收获。走路也是如此。当你一步一个脚印地勇攀高峰，在山顶领略无与伦比的美景时，那些在沿途遇到的困难便是有所值了。

唯有勤奋，才能让你的人生更精彩

一般的回答

我同意你的观点，勤奋确实是实现人生精彩的关键条件。只有不断地努力，才能够取得更好的成绩和收获。我会努力保持勤奋的态度，去追求自己的梦想和目标。

高情商回答

回答一：

勤奋是实现人生精彩的重要条件，这是无可争议的。但我认为，勤奋不仅仅是一种态度，更是一种能力。我们需要学会如何高效地利用时间，如何不断地学习和成长，如何在面对挫折和困难时保持坚持和毅力。只有这样，我们才能真正实现人生的精彩和成功。

回答二：

确实如此，世界上有许多卓越的人物能取得成功，大多是靠勤奋得来的。他们中甚至有些人天资不是很高，但却取得了别人无法取得的成就。所以，天生的缺点并不可怕，可怕的是失去一个人应有的勤奋。如果你想有所成就，就不该让懒惰控制了你的精神，只有具有勤奋的精神才会成就卓越，开创人生的新局面。

一次只做一件事，不要贪多

一般的回答

你说得对，我应该一次只做一件事，贪多会嚼不烂。我会把精力集中在当前的任务上，确保每一步都做好，然后再考虑下一步的计划。

高情商回答

回答一：

一次只做一件事，可以使我们心无旁骛，集中精力把事情做。如果是好高骛远，见异思迁，除了会心烦意乱之外，还会像掰玉米的猴子，掰一个扔一个，到头来两手空空，一无所获。因此，我们做事的时候，要把精力集中到一件事情上来，尽可能地清除掉产生压力或分散注意力的阻碍和想法，让自己全部精力集中在当前所做的事情上。

　　回答二：

　　我非常同意你的观点。在现实生活中，很多人总是想同时做很多件事情，但却往往事倍功半，最终什么都没有做好。其实，只有专注于一件事情，才能够真正取得好的结果。因此，我会时刻提醒自己，一次只做一件事，不贪心，不浮躁，只有这样，才能在人生的道路上稳步前行，取得更好的成绩。

做事要一步一个脚印

一般的回答

　　确实，一步一个脚印是做事的基本原则。我们不能急于求成，而是要踏实地去做，把每一个步都做好。只有这样，才能够取得成功。

高情商回答

回答一：

一步一个脚印，这是做事的金科玉律。人生就像是一场马拉松，不是短跑，不能急于求成。每一步都要踏实，每一步都要坚定，只有这样，我们才能够走得更远、走得更稳。我会时刻记住这个道理，每一步都做好，让自己的人生之路更加坚实和宽广。

回答二：

你说得很对，所谓"行远必自迩，登高必自卑"；正如爬山，你得低着头，认真有耐性地去攀登。付出辛劳努力之后，登高下望，你才能看见已经克服了多少困难，走过了多少险路。这样一次次的小成功，慢慢才会累积成大的更接近理想和目标的成功。

不要把人生寄托在运气上

一般的回答

你说得对，人生不能全靠运气，我们还需要自己的努力和付出。

高情商回答

回答一：

运气确实是一个重要的因素，但人生不是一场赌博，我们不能只靠运气去取得成功。相反，我们应该通过不断地努力和付出，去提升自己的能力和素质，去创造更多的机会和可能性。这样，即使运气并不在我们这一边，我们也能够依靠自己的实力去应对挑战，实现自己的目标。

回答二：

每个人，只要有抓得住当前机会的能力，有为目标而奋斗的精神，就有获得巨大成功的可能。但应该牢记，出路就在自己脚下。成功不是运气，而是自我的演进、展开与奋进。

好高骛远只能导致满盘皆输

一般的回答

只有脚踏实地、一步一个脚印地去做事，才能够实现自己的目标。好高骛远只会让我们失去方向，最终一事无成。

高情商回答

回答一：

确实，好高骛远只会让我们失去实际的目标和方向。在现实生活中，有很多人眼高手低、好高骛远，没有脚踏实地做人做事，导致成事不足。一个人如果不脚踏实地地去做，那么所有希望都会落空。

回答二：

好高骛远，只会导致满盘皆输。这是因为，如果我们总是追求那些不切实际的目标，就会忽视眼前的机会，从而失去实现目标的机会。因此，我们应该时刻保持清醒的头脑，明确自己的目标和方向，避免盲目追求所谓的"大目标"，而是要从眼前的小事做起，逐步迈向成功。同时，我们还需要学会在追求目标的过程中，不断调整自己的策略和方法，以适应不断变化的环境和情况。只有这样，我们才能够在人生的道路上稳步前行，实现自己的梦想和目标。

做一个有责任感的人

一般的回答

一个有责任感的人会认真对待自己的工作、家庭和社会，为自己的行为负责。我会努力做一个有责任感的人。

高情商回答

回答一：

成熟的第一步是负责任。要确信自己已经不再是一个跌倒了便找把椅子来踢的小孩子了，直面人生，就要负起责任来。遇到失意的事，不迁怒于他人，敢于承担责任。只有勇于承担责任的人，才能得到别人的信任和支持。

回答二：

责任感，是一种无形的力量，它能够推动我们不断前进、不断超越自己。一个有责任感的人，会时刻关注自己的行为和决策，确保它们能够为社会和他人带来积极的影响。这样的人，不仅会得到他人的认可和赞赏，也会为自己赢得更多的尊重和信任。我会努力培养自己的责任感，让自己成为一个更有价值、更有意义的人。

注重细节，成功往往在细微处

细节决定人生成败，尤其在工作中，机遇常常就躲在细微处。因此，身为员工，我们若想取得成功，就要从细节上下功夫，不管做什么事都要重视细节，这样才能真正做到运筹帷幄，决胜千里。

细节决定人生成败

一般的回答

我完全同意这个观点，细节确实是决定人生成败的关键。很多时候，成功和失败之间的差别就在于一些微小的细节。

高情商回答

回答一：

有些人认为，做大事不必拘小节，因此那些马马虎虎、大大咧咧的人往往直到造成重大失误时才懂得细节的重要性。试想一个领导阶层的人如果马虎大意，当有重大决策的问题交给他处理时，他就很难注意到许多细节。千里之堤溃于蚁穴，这句话不得不被重视，因为细节决定成败，细节成就完美，大事成功于细节，伟业得益于细节。

回答二：

细节决定成败，这不仅仅是一句口号，更是一种生活态度。在工作中，每一个细节都可能成为决定性的因素，影响着我们的成果和表现。因此，我会时刻提醒自己，不要忽视任何一个细节，要用心去做好每一件小事情，这样才能在职业生涯中不断进步，实现自己的人生价值。

不要把所有的鸡蛋放在一个篮子里

一般的回答

我同意，我们不能把所有的希望和资源都放在一件事情上，应该分散风险，做好多手准备。这样，即使一件事情失败了，我们还有其他的机会和选择。

高情商回答

回答一：

不要把所有的鸡蛋放在一个篮子里，这是一种非常明智的风险控制策略。在生活和工作中，我们会面临各种各样的挑战和风险，如果把所有的希望和资源都放在一件事情上，一旦失败，后果将不堪设想。因此，我们应该学会分散风险，把资源分配到多个领域和项目中，这样即使某个项目失败了，我们还有其他的机会和选择，能够更好地应对风险，保持稳健的发展。

回答二：

鸡蛋放在多个篮子里，可以降低风险，增加成功的可能性。这是一种非常实用的策略，也是一种成熟的生活态度。在现实生活中，我们会遇到很多不确定性和风险，只有做好多手准备，才能更好地应对挑战，实现自己的目标。同时，这也提醒我们，不要过于依赖某个领域或某个人，要保持独立和自主，才能更好地掌控自己的人生。

工作中的细节也是机会

一般的回答

我完全同意，工作中的细节往往隐藏着很多机会。只有细心观察，才能发现并利用这些机会，从而取得更好的工作成果。

高情商回答

回答一：

工作中的细节，往往蕴含着无尽的机会。那些看似微不足道的小事，可能会成为我们突破困境、实现目标的关键。因此，我始终坚信，细心观察、认真对待每一个细节，是提升工作效率、实现个人价值的重要途径。这种态度，不仅能帮助我在工作中取得更好的成绩，也能让我在生活中更加充实和满足。

回答二：

机会常常隐藏在细节之中，这是一个不争的事实。在一个人的成长过程中，每一个梯级就是一个舞台，每一个舞台都可以让你得到展示自己的机会。只要认真去对待每一份工作，将脚下的每一步都走好，即便最简单和微小的事情也会令你从中受益，为自己创造成功的机会。

小事认真，人生才能精彩

一般的回答

我非常赞同这个说法，只有认真对待生活中的每一件小事，我们才能积累更多的经验和智慧，让人生更加精彩。

高情商回答

回答一：

人生的精彩，往往源于我们对小事的认真态度。每一件小事，都是一次学习和成长的机会，都是我们塑造自己人格和价值观的基石。只有认真对待生活中的每一件小事，我们才能更好地积累经验和智慧，让自己的人生更加精彩。因此，我会时刻保持对生活的热爱和敬畏，认真对待每一件小事，让人生的每一步都充满意义和价值。

回答二：

细微之处见精神，有做小事的精神，就能产生做大事的气魄。生活中的小事能体现一个人的智慧和态度。而我们常说的细节，就是日常生活中的小事情。关注细节，就是留意身边的小事情。"勿以善小而不为，勿以恶小而为之。"工作中越是细小的东西，越能体现你对工作的认真、敬业程度，越能检验你对公司的忠诚和为人的品质。

关注他人忽视的小环节

一般的回答

通常，人们容易忽视一些小环节，但这些小环节可能对整个事情的发展产生重要影响。关注这些小环节，可能会给我们带来意想不到的收获和成功。

开 悟

高情商回答

回答一：

在生活和工作中，很多人往往只关注大的方面，而忽视了那些看似微不足道的小环节。然而，正是这些小环节，可能对整个事情的成败产生重要影响。因此，我会时刻保持警醒，认真关注每一个小环节，不放过任何一个可能的机会，让自己的生活和工作更加完美和成功。

回答二：

在生活和工作中，我们经常会遇到一些看似微不足道的小环节，但正是这些小环节，可能会成为我们成功的关键。因此，我会时刻关注这些小环节，认真对待每一个细节，不断提高自己的观察力和执行力。我相信，只有把小环节做好，才能成就大事业，走向成功的巅峰。

把握当下，
用行动化解迷茫

认定了的事，就要放手去做。有道是"万事开头难"，其实，开头之后坚持下去更是难上加难。开始做一件事情，往往靠的是决心与信心；而事情一旦开始，要有始有终就需要耐心和恒心了。

你确定自己尽力了吗

一般的回答

是的，我确定自己已经尽力了。我付出了很多努力，也取得了一些成果。

开 悟

高情商回答

回答一：

是的，我确定自己已经尽力了。我深知，成功需要付出努力和汗水，也需要不断学习和进步。在这个过程中，我始终保持积极的态度和心态，尽自己最大的努力去完成任务和达成目标。虽然我知道自己还有很多需要改进的地方，但我会继续努力，不断提升自己的能力和水平，让自己更加出色。

回答二：

关于这个问题，我相信自己已经做出了最大的努力。在追求目标和梦想的过程中，我始终保持积极的心态，尽自己最大的努力去实现自己的价值。同时，我也明白，成功需要付出更多的努力和汗水，需要不断学习和进步。因此，我会继续努力，不断完善自己，让自己变得更加出色，为自己的人生创造更多的可能性。

变"要我做"为"我要做"

一般的回答

我非常赞同这个想法，我们应该把"要我做"变为"我要做"，这样才能更加积极主动地面对工作和生活，实现自己的价值。

高情商回答

回答一：

确实，将"要我做"变为"我要做"是一种积极的生活态度和工作方式。人在做"我想做""我要做"的事时，才会动脑筋、想办法，克服一切困难去完成。世上许多做得好的工作，都是在热情推动下完成的。每个人身上都拥有热情，所不同的是，有的人热情只能保持几分钟，有的人只能保持几天或几十天，但是一个真正的成功者，却能让热情保持几十年，甚至一辈子。

回答二：

从"要我做"到"我要做"，其实是一个从被动到主动、从依赖到自立的过程。这种转变不仅能使我们更加高效地完成任务，更能让我们在工作中找到乐趣和满足感，实现自我价值的提升。为了实现这种转变，我会制定明确的目标和计划，积极寻找学习和成长的机会，不断提升自己的能力和素质，让自己更加适应和胜任各种工作挑战。同时，我也会与团队成员积极沟通，共同协作，推动工作的进展，实现团队的共同目标。

不要把问题留给明天

一般的回答

你说得对，我应该尽快解决当前的问题，不能把问题留给明天。我会努力解决它，确保不会影响我的工作和生活。

高情商回答

回答一：

对于那些珍惜时间的人而言，今天才是最珍贵的，今天的成就就是明天最好的开始。没有今天，明天就会一无所有。所以，成功人士会抓住今天的时光，为自己积累经验，那些总想着还有明天的人，永远都不会有所成就。如果你总是把问题留到明天，那么，明天就是你的失败之日。同样，如果你计划一切从明天开始，你也将失去成为行动者的所有机会。因为明天，只是你愚弄自己的借口罢了。

回答二：

我明白你的意思，我们确实不能把问题留给明天。每一个问题，我都会积极面对，及时解决。我相信，只有通过不断解决问题，我们才能不断进步和成长。因此，我会立即行动起来，寻找问题的解决方案，确保问题得到妥善处理。

只有行动才能梦想成真

一般的回答

我非常同意，只有付出实际行动，才能让梦想成真。我会努力去做，让自己的梦想变为现实。

高情商回答

回答一：

确实，梦想只有在行动中才能变为现实。行动是实现梦想的桥梁，没有行动，梦想就只能是空想。因此，我会积极行动起来，为实现自己的梦想而努力奋斗。同时，我也会不断调整自己的行动方向和策略，确保自己走在正确的道路上，让梦想成真。

回答二：

行动是实现梦想的必经之路。只有通过不断地努力，才能让梦想变为现实。人都是有理想的，理想的好处是能增加人对生活的热情，使我们在接受考验的时候，还能为了理想而勇敢地面对。然而，除非我们以理想为基础，付诸行动，否则，任何美好的理想都是难以实现的。

行动是消除迷茫的最好方法

一般的回答

行动确实是消除迷茫的最好方法。当我们感到迷茫和困惑时，只有通过实际行动去探索和尝试，才能找到正确的方向和出路。

高情商回答

回答一：

迷茫时，我们往往容易陷入思考和犹豫的漩涡中，无法找到前进的方向。而行动，就是打破这种迷茫状态的最有效方式。通过实际行动，我们可以逐渐明确自己的目标和方向，不断积累经验和教训，让自己更加清晰地认识自己和世界。同时，行动也能带来成就感和自信心，让我们更加坚定地走向自己的人生目标。

回答二：

确实，行动是消除迷茫的最好方法。当我们感到迷茫时，往往是因为我们停留在想象和计划中，没有真正去尝试和实践。只有通过实际行动，我们才能深入了解自己的能力和潜力，发现新的机会和可能性。同时，行动也能帮助我们积累经验和成长，让我们更加成熟和自信。因此，在感到迷茫时，我会积极行动起来，去尝试和探索，让自己走出迷茫，走向成功。

珍惜你现在拥有的

一般的回答

你说得对，我们应该珍惜现在所拥有的一切，包括家人、朋友、工作、健康等。这些都是生活中宝贵的财富，我们应该好好珍惜，不要让它们从我们身边溜走。

高情商回答

回答一：

只有真正懂得了珍惜，才能更好地把握自己、欣赏自己。只有这样，才能让你无论在顺境还是逆境面前，都能够坦然面对。正确把握自己，你才能欣赏自己的每一份工作，拥有一个美好的精神世界。守住自己所拥有的，想清楚自己真正想要的，我们才会真正快乐。

回答二：

珍惜现在拥有的，不仅是对自己的善待，也是对生活的尊重。我们拥有的每一样东西，都是生活赋予的礼物。无论是家人的陪伴、朋友的关心，还是工作的挑战、健康的身体，都是我们生活中不可或缺的部分。用心去珍惜它们，去体会它们的价值，去享受它们带来的美好，这样，才能真正感受到幸福和满足。

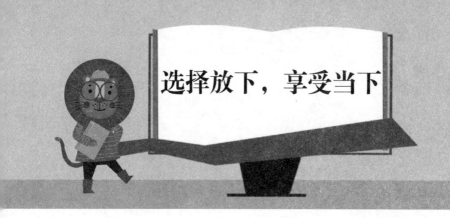

选择放下，享受当下

　　人生，是一路行走一路放下的旅程。右脚放下，左脚才能前进；能放下多少，幸福就有多少。佛经上说，"如何向上，唯有放下。"心灵的内存有限，只有放下过去，释放出空间，才能装下更多新的美好的东西。放下时的割舍是疼痛的，疼痛过后却是轻松！

　　放下的过程，其实也是一种收获。当你紧握双手时，里面什么都没有；当你松开双手时，世界就在你手中——这便是放下的智慧。

开 悟

放不下，才会有烦恼

一般的回答

是的，有时候确实是这样。当我们放不下一些事情时，就会感到烦恼和不安。所以，我们需要学会放下，释放内心的负担，才能过得更轻松自在。

高情商回答

回答一：

确实，放不下会给我们带来烦恼和困扰。很多时候，好与坏、烦恼与否全在人的一念之间。放不下，只会让烦恼纠缠于你；放下了，你就可以获得心灵的宁静与超脱，获得闲适、安然与自在。其实，人要经历过风雨后才会发现，很多东西还是放下了好，紧握在手里也是徒劳。

回答二：

放不下确实会带来烦恼，但这并不意味着我们应该逃避或放弃。相反，我们应该正视自己的内心，勇敢面对自己的情感和经历。有时候，我们需要给自己一些时间和空间，去慢慢地消化和接受那些难以放下的事情。同时，我们也可以尝试通过一些方法来缓解内心的压力和烦恼，比如运动、冥想、旅行等。当学会放下时，我们会发现自己的内心变得更加宽广和宁静，这也会让我们更加珍惜当下的生活，享受每一个美好的瞬间。

放下，让生命轻装前行

一般的回答

我明白你的意思，有时候放下确实能让生命更轻松。我会尝试去放下一些不必要的负担，让自己更轻松地前行。

高情商回答

回答一：

是的，人生好比登山，山顶就是我们此行的终点站，那里有我们的梦想，有美好的未来，有好多好多的美好祈愿。然而，如果在人生的旅途上，我们背负着太多的石头，那终点可能变成一个遥远的梦。所以，不要轻易被生命中那些美丽的石子迷惑，让自己的包袱越来越沉，要懂得适时地放开、抛弃，让生命回归本真，让我们人生的旅途因轻松而愉快。

回答二：

你的建议让我深受启发。确实，放下是一种智慧，也是一种勇气。只有敢于放下过去的包袱，才能更好地迎接未来的挑战。我会努力调整自己的心态，学会放下那些不必要的担忧和焦虑，让自己的生命更加轻松和自在。同时，我也会积极寻找新的目标和动力，让自己的生命更加充实和有意义。

别让欲望缚住了手脚

一般的回答

你说得对，欲望确实容易让人迷失方向。我会试着控制自己的欲望，不让它影响我的决策和行动。

高情商回答

回答一：

欲望，是我们人生路上一个难以避免的陷阱。它犹如一把双刃剑，既能推动我们追求更好的生活，也可能让我们失去理智，走向毁灭。因此，我们需要理智地看待欲望，既要敢于追求自己的梦想，也要懂得适时地放下。只有这样，我们才能在人生的道路上稳步前行，不被欲望束缚，活出真正的自我。

回答二:

其实,生活中的任何事物都不是多多益善。贪婪是一种顽疾,只会给人带来无尽的烦恼。一个贪得无厌、毫不知足的人,等于是在愚弄自己,希望得到一切,可是到头来却两手空空,得不偿失。人生在世,不是说不能有欲望,欲望在一定程度上是促进社会发展和自我实现的动力。可是,除了最基本的生存欲望之外,也要有节制地扼制其他容易让我们陷入被动的欲望。

倒一半才会新加另一半

一般的回答

你说得对,只有当我们愿意放下一部分时,才能收获更多。有舍方才有得。

高情商回答

回答一：

你的话让我深有感触。确实，生活中的许多事物都是相对的，有时候我们需要放下一些，才能收获更多。如果我们只看到失去的半杯，那么我们就会陷入绝望；但如果我们能看到还剩下的半杯，那么我们就能保持希望。因此，我会努力调整自己的心态，学会放下一些不必要的执着和追求，让自己的人生更加充实和满足。

回答二：

我非常赞同你的观点。人生就如杯中水，只有倒掉一半才能够新加另一半。我们每天都在不知疲倦地索取，更多的财富、更高的报酬、更好的生活，却忘记了在索取的过程中付出，在添置的过程中舍弃，在拥有的过程中忘却。就好像杯中的水一样，一直不停地向里倒水，却忘记了要先把杯子里原有的水倒掉才能装入新的水。于是，多余的水就会一直不停地向外流出，使人徒增烦恼。

时运来时抓住，时运走时淡然处之

一般的回答

你说得对，时运来时，我会全力以赴，努力把握机会；时运走时，我也会保持淡定，不抱怨不放弃，继续前行。

高情商回答

回答一：

我非常欣赏你的态度。在人生的旅途中，我们会遇到各种各样的机遇和挑战，有时候需要我们果断出击，抓住机遇；有时候则需要我们保持冷静，面对挑战。无论时运如何变迁，我都会保持平和的心态，用乐观的态度去迎接生活的起起伏伏。同时，我也会不断学习和提升自己，让自己更加适应这个多变的世界。

回答二：

时机是很难捉摸的，它总是在我们不经意间悄悄溜走。所以，当时运来临时，我们一定要抓住它，好好利用它去实现我们的目标。但是，当时运走时，我们也不能过于沮丧和失望。毕竟，生活总是充满了变数，我们无法预测未来会发生什么。所以，我们需要保持淡定，学会接受现实，积极面对未来。只有这样，我们才能在人生的道路上越走越宽广。

旅行是一件很累的事情

一般的回答

确实，旅行有时候会很累，但是我认为旅行的收获远远超过了疲惫。我喜欢探索新的地方，了解不同的文化，这些经历让我更加充实和满足。

高情商回答

回答一：

我完全理解你的感受，旅行可能会带来一些身体上的疲惫。而且大多数人的旅行都是在完成一张叫作我这辈子去过多少地方的试卷，一个地方哪怕很好玩，意犹未尽，但是让他下次再去估计也不会去了。因为他内心里觉得纯粹去玩是浪费时间，他以"打卡"为目的，这样的旅行当然会觉得累了。其实旅行只需要享受当下，这才应该是旅行的终极目标。

回答二：

旅行的确有时候会让人感到累，尤其是长时间的奔波和旅行安排。但是，我认为这正是旅行的魅力所在。它不仅仅是一种身体上的挑战，更是一种精神上的历练。在旅行中，我们需要学会适应新的环境，处理各种突发状况，这些经历都会让我们变得更加成熟和独立。所以，当你感到累的时候，不妨停下来，享受一下旅途中的美景和宁静，相信这些收获一定会让你觉得旅行是一件值得的事情。

少些怨气，多些宽容

人活在世，难免会产生一些怨气，或许因为一些不如意，或许被人伤害过，或许对于一些事件不满，这时就要学会宽容，怨气过多，并不能解决问题，反而，你会因此而受伤，有时候它会消减你的意志，降低你奋斗的动力。

扔掉仇恨的袋子

一般的回答

你说得对，仇恨只会让我更加痛苦。我会尝试放下仇恨，让自己的心灵得到解脱。

高情商回答

回答一：

人生在世，总会遇到这样或那样的烦恼，如果因为自己受到一点伤害而仇恨别人，那不但会伤害自己，还会因为不正常的心理妨碍自己的生活。心中含恨的人比被恨的人更伤身心，放过别人的同时，其实也是在放过自己，让自己的心灵得到解脱。当满怀仇恨时，就等于给了对方力量，仇恨不但会影响生活，还会破坏健康和快乐，甚至扭曲个性和人格。

回答二：

我非常感激你的建议。仇恨确实是一种有害的情绪，它只会让我们陷入无尽的痛苦之中。我会尝试以宽容和理解的态度去面对过去的不快和伤害，让自己的心灵得到疗愈。同时，我也会积极地去寻找一些新的目标和动力，让自己的生活更加充实和有意义。我相信，只有学会放下仇恨，才能更好地拥抱生活，享受每一个美好的瞬间。

把烦恼留在身后

一般的回答

我明白你的意思，我们应该把烦恼抛在脑后，向前看。我会努力做到的。

高情商回答

回答一：

抛开束缚心灵的那些烦恼。人的心好比房子，里面若是装满了坏心情，自然没有好心情的立足之地。忘记生活中的那些烦恼与不公，它不过是蚌壳中的一粒沙，经历了这粒沙的磨砺，你才能是一颗璀璨的珍珠。把烦恼留在身后，并记住给予和幸福，把不满转化成微笑，你会发现，你在向别人微笑的同时别人也在向你微笑。

开 悟

回答二：

我赞同你的观点。人生就像一场马拉松，我们需要不断地向前奔跑，把烦恼和困扰留在身后。如果我们一直背负着过去的痛苦和遗憾，将无法迎接未来的美好。因此，我会尝试放下，用更加积极的心态去面对生活，让自己的心灵得到释放。同时，我也会不断地寻找新的目标和动力，让自己的人生更加充实和有意义。

得不到时要放手

一般的回答

你说得对，有时候确实需要学会放手。得不到的东西，或许并不属于我，我会努力接受这个事实，寻找新的方向。

高情商回答

回答一：

生命是一个口袋，无论这个口袋有多大，它能装的东西也是有限的。所以，我们不能把什么东西都往口袋里放，袋子装不下了就会破。所以，面对生活中那些我们得不到的东西时，该放下的就要放下，该扔掉的就要扔掉。人生，背负不了太多的痛苦与悲伤，我们每一个人都应该乐观一些，放弃忧伤与不快，方能活得轻松、活得快乐。

回答二：

我非常赞同你的建议。有时候，我们过于执着于某些东西或人，却忽略了其他更加重要的东西。得不到的，也许并不是我们真正需要的。因此，我会尝试学着放手，让自己的心灵得到解脱。同时，我也会更加珍惜自己拥有的，感恩生活中的每一个美好瞬间。我相信，只有学会放手，才能更好地迎接未来的挑战和机遇。

少点欲望，多点自在

你说得对，欲望过多确实会让我们感到身心疲惫。我会尝试减少一些欲望，让自己的生活更加轻松自在。

回答一：

人生，有欲望是好事，欲望在很多时候是促使人进步的推动力，有了欲望，才有了清晰的奋斗目标，人生才不至于迷茫。然而，欲望却不是越多越好，过多的欲望只会让人迷失生活的方向，成为欲望的奴隶，被欲望左右，最终让自己走上不归路。

回答二：

我非常赞同你的观点。在快节奏的现代生活中，我们总是被各种欲望驱使，仿佛永远无法满足。然而，真正的幸福并不在于我们拥有多少物质财富，而在于我们内心的平静和满足。因此，我会尝试减少一些不必要的欲望，让自己的生活更加简单和自在。我相信，只有学会放下过多的欲望，才能真正感受到内心的自在。

放下也是一种拥有

一般的回答

有时候我们需要学会放下一些东西，才能更好地拥有其他的东西。

高情商回答

回答一：

学会放下，是一种人生智慧。生活中，需要放下的东西有很多，放下不必要的烦恼，就会收获更大的快乐；放下对名利、金钱的渴望，就会收获心灵的平静。懂得放下，丢掉那些不值得带走的包袱，才能够带着更简洁轻松的行李去走自己的路，人生的旅行才会更加轻松愉快，才可以登得更高、行得更远，看到更多更美的人生风景。

回答二：

你说得很对，放下确实是一种拥有。我们总是过于执着于某些东西或人，却忽略了其他更加重要的东西。放下那些不再重要或已经失去的东西，才能更好地拥有新的机会和可能。因此，我会尝试以更加开放和包容的心态去面对生活，让自己的心灵得到成长和提升。我相信，只有学会放下，才能更好地拥有属于自己的幸福和成功。

用淡然心面对
繁华大千世界

人生在世，每个人都不可避免地会遇到这样或那样的诱惑、挫折。当面对诱惑、挫折时要始终保持一颗淡然、冷静的心，才能更好地审时度势，才能在坎坷的人生旅途上做到宠辱不惊，也才能让自己笑看人生。

在繁华中保持从容

一般的回答

我理解你的意思，要在繁华中保持从容的心态非常不易，但我会努力尝试，不被外界的繁华迷惑，保持内心的平静和从容。

开 悟

高情商回答

回答一：

繁华的世界总是充满了诱惑和挑战，但真正的从容并非来自外界的繁华，而是来自内心的平静。我们要学会在繁华中保持一颗淡定的心，不被外界的纷扰影响，才能真正品味到从容的力量。这种从容不仅能让我们在面对困难时保持冷静，更能让我们在享受成功时保持谦逊。

回答二：

我非常赞同你的观点。在繁华的大千世界中，我们要学会用一颗淡然的心去面对一切。从容淡定，意味着在大多数时候应该保持好心情；"谦虚谨慎，戒骄戒躁"，意味着自己还有更广阔的境界、更宏大的作为。

不要为名利所累

一般的回答

你说得对，名利确实容易让人迷失自我。想要不为名利所累很难，但我们仍要努力做到。

高情商回答

回答一：

名利如同一把双刃剑，既能带来荣誉和地位，也能让人失去自我和真实。我们不能被名利所累，而应该学会用一颗平常心去面对它。只有把名利看淡，才能更好地专注于自己的内心和成长，活出真实的自我。

回答二：

人生，热爱名利没有错，可是如果只是为了名利而活就是最大的荒谬。人应该学会顺其自然、平淡地看待名利，得之无喜色，失之无悔色。什么都想得到的人，结果可能什么都得不到。一个平淡对待自己生活的人，却可能会意外地得到惊喜。

给人生留点空白

一般的回答

我理解你的意思。人生确实需要留点空白，这样才能更好地欣赏生活的美好。

高情商回答

回答一：

人生如同一幅画，留白是画中不可或缺的元素。给人生留点空白，就是给自己留下思考和成长的空间。在忙碌的生活中留出一些空白，就能更好地感受生活的韵律和节奏，也能更好地领悟人生的真谛。

回答二：

给人生留点空白，就是不要企求太多，太多了，生命就会显得过于沉重；不要企求太多，太多了，人生就会显得过于臃肿，感到所拥有的一切都是负累。因此，给生命留些空白吧，人生也许会更精彩！

淡看人生起落

一般的回答

我同意。我们应该学会淡看人生的起落，这样才能更好地面对生活的挑战。

高情商回答

回答一：

人生的起落是常态，没有人能够一帆风顺。生活中，并不只有功和利。尽管我们必须去奔波赚钱才可以生存，生活中会有许多无奈和烦恼，但只要我们拥有淡泊之心，量力而行，坦然自若地去追求属于自己的真实，就可以做到宠亦泰然，辱亦淡然，有也自然，无也自在，如淡月清风一样来去不觉，让生活变得轻松惬意。

回答二：

人生的起落，就像四季的轮回，是不可避免的。我们不能选择避开它，但可以选择如何面对它。淡看人生起落，就是要有一种平和的心态，接受生活中的一切。在起落之间，我们学会了坚韧和勇敢，也学会了珍惜和感恩。因此，让我们以淡定的心态，面对人生的起落，活出精彩人生。

胜不骄，败不馁

一般的回答

这是一种非常积极的人生态度，我会努力做到的。

高情商回答

回答一：

世上有许多事情的确是难以预料的，成功伴着失败，失败伴着成功，人本来就是失败与成功的统一体。人的一生，有如簇簇繁花，既有火红耀眼之时，也有暗淡萧条之日。在火红耀眼之时不张扬，静静地开放；在暗淡萧条之日不沮丧，慢慢地为自己积蓄力量。

回答二：

胜不骄，败不馁，这是人生的智慧。在成功时，我们要保持谦逊和敬畏，不忘初心，继续前进；在失败时，我们要保持坚韧和勇气，不气馁，不放弃。因为每一次的失败都是通往成功的必经之路。所以，让我们以这种态度去面对人生的起起伏伏，活出我们的精彩和辉煌。

知足常乐，把握现在

不要再抱怨生活与命运的不公，尽管有这样那样的不幸，尽管人生有缺陷，但要相信，自己的境遇，比无数的人更幸福、更幸运。"得不到"和"已失去"的，再懊悔、再遗憾都没有意义，唯一有意义的就是现在能把握的。

为什么大家都在说知足才能常乐

一般的回答

知足常乐是一种生活态度，意味着要珍惜现在所拥有的。只有知足，才能感受到生活的美好和快乐。

高情商回答

回答一：

知足常乐使无穷的欲望和有限的资源之间达成平衡，知足是一种智慧，常乐是一种境界，让我们在以人为本的和谐社会中，共同铭记"以骄奢淫逸为耻"，怀一颗知足、感恩的心，享受生活，享受成功，感受快乐。

回答二：

之所以大家都说知足才能常乐，是因为只有当我们对生活中的一切持有知足的态度时，才能真正感受到生活的美好和快乐。知足，是一种对生命的敬畏和尊重，是对生活的热爱和珍惜。学会知足，就能在生活中找到真正的幸福和满足，就能以一颗平和的心去面对生活的挑战和起伏。因此，让我们都学会知足，珍惜现在，享受生活的每一个瞬间。

开 悟

你终将是一个人

一般的回答

　　这听起来有些孤独，但我相信每个人都有自己的生活方式和选择。我会努力寻找自己的快乐和满足。

高情商回答

回答一：

　　人生的旅程确实很多时候是孤独的，我们必须学会独自面对生活的挑战和困难，但这并不意味着我们是孤独的。我们身边有许多人，他们陪伴我们走过人生的每一段路。而当我们走完一生时，也会留下自己的足迹和回忆，这些都会成为我们生命中宝贵的财富。因此，即使我们终将是一个人，也要学会珍惜和感恩生命中的每一个瞬间和每一个人。

回答二：

无论你有多少亲情、友情和爱情，你终将是一个人，因为没有一个人，像自己那样了解自己，哪怕是亲人、朋友或是恋人。他们只能辅助你去理解你自己。你唯一的人生课题是找到你自己。另外，有时候最大的伤害往往来自最亲近的人，要记住，做自己就好，不要怨恨，对伤害最好的反击就是让伤害到自己为止，有能忘却一切的决心和重新开始新生活的勇气。

别被繁华迷了眼

一般的回答

谢谢你的提醒，我会注意的。

开 悟

高情商回答

回答一：

乱花迷人眼，人生旅途中，我们时常会被各种诱惑和繁华迷惑，失去了初心和方向。只有保持一颗清醒的心，坚守自己的信念和原则，才能避免被乱花迷了眼，走在正确的道路上。因此，我会时刻提醒自己，保持清醒的头脑，坚定自己的步伐，不被繁华迷惑，始终追求自己的梦想和目标。

回答二：

的确，这是一个充满诱惑的时代，抵制诱惑需要非同一般的定力，在流光溢彩的大千世界中，每个人似乎都难以抑制那颗躁动的心。而拥有平常心，才能让我们在面对繁华时仍能一笑置之，让诱惑变淡、变无。

一切随缘

一般的回答

我明白你的意思，随遇而安，顺其自然，这是一种很好的生活态度。

高情商回答

回答一：

"一切随缘"，这四个字蕴含着深深的智慧和哲理。人生如行云流水，我们无法预知未来，无法掌控所有，但可以选择如何去面对。随缘，不是消极的放弃，而是积极的接受。接受生活的变化，接受人生的无常，同时，也接受自己的不完美。学会随缘，就能在生活中找到平衡、找到安宁、找到幸福。

回答二：

佛语有云：世间万物皆有因果，冥冥中早有注定；凡事不必强求，缘来缘尽，顺其自然。一切随缘的注解并不是得过且过，不思进取，或者自暴自弃。一切随缘，就是在热爱生活的基础上，面对现实，从容淡定，并合理选择切合实际的人生方式和努力目标。

平平淡淡才是真

一般的回答

我同意。平淡的生活才是最真实的。

高情商回答

回答一：

平淡的生活，就像一杯清茶，虽然没有浓烈的香气，却有着淡雅的韵味。在平淡中，我们能够更好地品味生活的点滴，感受那些被忽视的美好。因此，我赞同"平平淡淡才是真"的说法，让我们在忙碌的生活中，找到那份宁静和满足，享受平淡而真实的人生。

回答二：

"平平淡淡才是真"，这是一种对生活的深刻理解和感悟。平淡的生活能帮助我们重新找到迷失的自我，恢复为利欲蒙蔽的本性，使我们多一分诗意、多一分潇洒、多一分平和、多一分自我欣赏与肯定！

一笑泯得失

一般的回答

我会试着放下得失，保持乐观的态度。

高情商回答

回答一：

一笑泯得失，这是一种人生的智慧和豁达。得失，本是人生中不可避免的部分，但如何面对得失，却体现了我们的心态和境界。当我们能够用微笑去面对得失时，生活中的一切困扰和烦恼，都将变得微不足道。这样的态度，不仅能够帮助我们更好地面对生活的挑战，也能够让我们更加珍惜现在所拥有的一切。

回答二：

一笑泯得失是生活中的大智慧。正所谓：不是风动也不是幡动，而是心动。把一切看得淡然些，把得到和失去看得平淡些，在自己力所能及的范围里过着平凡的生活，不因优势而张扬，不因劣势而失意，淡然地看待一切才是生活的根本。

为什么所有曾经追求的达到后都会归于
平常和淡然

一般的回答

可能是因为生活本身就是一场平淡的旅程，无论我们曾经有过多么热烈的期待和憧憬，最终都会归于平常和淡然。

高情商回答

回答一：

这是因为生活本身就是一场旅程，充满了起伏和变化。曾经追求的，或许只是我们心中的一种理想和期待，而真正的生活，却总是充满了不确定性和意外。经历过种种磨砺和风雨，才会明白，真正的幸福和满足，往往就隐藏在平常和淡然之中。因此，珍惜每一个瞬间，用一颗平和的心去感受生活的美好，无论生活带给我们什么，都能以平常和淡然的心态去面对。

回答二：

这可能就是人生的本质吧，慢慢地认识到这些就是所谓的成长。不要给人生预设任何条件，不要说如果怎样了就会怎样，或者才能怎样，每天尽可能从生活中寻找点滴的快乐，给自己和身边人创造快乐，制造安全感，或许这就是人生最重要的事吧。

三大方法助力智慧增长，
从容应对挑战与逆境

　　俗话说：人生不如意事十之九八。挫折、困境、逆境乃至失败都是常有的事情，如果你没有足够的智慧，就很难战胜这些事情。以下分享日常生活中经常用到的战胜困境和逆境的三大方法，强大你的内心，让你的人生越来越顺！

方法一：持续学习

　　世界是持续不断变化的，要想自己不被时代抛弃，只有持续不断学习。对于个人来说，最重要的是保持持续学习的能力，保持对这个世界充满好奇，并能快速将自己的所见所学运用到生活中。

　　在这个日新月异的世界里，我们身处一个信息爆炸的时代，每天都有无数的新知识、新技能、新理念涌现。这种快速的变化，既带来了无限的可能，也带来了前所未有的挑战。面对这样的时代，我们必须拥有持续学习的能力，才能在激烈的竞争中脱颖而出。

持续学习，意味着我们不能满足于现状，不能满足于已有的知识和技能。我们需要时刻保持对知识的渴望，对这个世界充满好奇。我们要敢于挑战自己，勇于走出舒适区，去接触那些未知的事物，去学习那些新的知识和技能。

同时，持续学习也意味着我们需要将所学的东西应用到实际生活中。学习不仅仅是为了获取知识，更重要的是为了改变我们的生活，提升我们的能力。我们要善于将所学的知识转化为实际行动，将所学的技能运用到实际工作中。只有这样，我们才能真正地感受到学习的价值，才能真正地实现自我提升。

当然，持续学习并不是一件容易的事情。它需要我们有足够的毅力和耐心，需要我们有明确的目标和计划。但是，只要我们坚持不懈，只要我们勇于面对挑战，就一定能够在学习的道路上不断前进，不断成长。

方法二：学会反思

学会反思，是我们在面对困境和逆境时，增长智慧、提升自我认知的重要途径。我们的生活并非一帆风顺，总会遇到各种挫折和困难。在这些时候，如果能够停下来，深入思考问题的根源，分析自己的行为和决策，那么我们就能够从中学到宝贵的经验和教训，从而更加明智地应对未来的挑战。

反思并不仅仅是简单地回顾过去的事件，更是一种对自我行为的深度剖析。它需要我们诚实地面对自己的不足和错误，勇敢地承认自己的过失，并努力去理解这些错误背后的原因。通过这样的反思，我们可以更加清晰地认识自己的优点和缺点，更加明确自己的目标和方向，从而在未来的道路上更加坚定地前行。

同时，反思也是一种对未来的规划。通过对过去的回顾和分析，我们可以总结出适合自己的方法和策略，避免重蹈覆辙，少走弯路。这样，在面对新的挑战时，我们就能够更加从容和自信，用更加明智的方式去应对。

然而，学会反思并不是一件容易的事情。它需要我们有足够的勇气和诚实，需要我们有足够的耐心和毅力。但是，只要坚持不懈，只要勇于面对自己的不足和错误，我们就一定能够在反思的道路上不断成长，不断提升自我认知的能力。

方法三：专注当下

专注当下，是一种生活态度，也是一种人生智慧。很多时候，我们总是被过去的事情困扰，或者总是因未来的事情而焦虑，却忽略了当下的生活。其实，真正的生活只存在于当下，只有全身心地投入当下的生活，才能感受到生命的美好和意义。

专注当下，意味着需要把注意力从过去和未来转移到现在的每一刻，需要用全身心去感受当下的每一个瞬间，去体验当下的每一个细节。无论是工作、学习还是生活，我们都应该尽可能地让自己投入其中，去感受其中的乐趣和挑战，去享受其中的美好和成就。

　　当然，专注当下并不是一件容易的事情。我们总是会被各种各样的事情干扰，总是会被过去的阴影或未来的焦虑困扰。但是，只要能够坚持下去，只要能够不断地调整自己的心态，我们就一定能够在专注当下的道路上越走越远，越走越宽广。

　　无论采用哪种方法去增长智慧，面对困境和逆境，都需要我们有一颗坚强的心，有一种不屈不挠的精神。只有这样，我们才能真正地实现自我提升，才能真正地成长为更加优秀、更加智慧的人。

三大方法帮你增长智慧

持续学习

学会反思

专注当下

PART 3

在觉醒中，活出自在人生，创造无限可能

你，才是自己的幸运星

人生最大的学问是如何主宰自己的命运，做自己的主人。能掌握自己命运的人，也就是独立的人，才能称得上自己的主人。任何时候，都不要弯着腰祈求别人的帮助，真正能让自己砥砺前行的永远是你自己。即使在我们最无助、迷茫的时候，想到了求助别人，心里也要清楚：只有自己才是自己的幸运星。

你就是自己的依靠

一般的回答

你说得对。我要学会依靠自己，而不是去依靠别人。

高情商回答

回答一：

你说得对。我们每个人都是自己的依靠。在这个世界上，没有人能比我们更了解自己，更懂得自己的需要。因此，我们必须学会依靠自己，相信自己的力量，才能在生活中走得更远、更稳。这样的信念，不仅能让我们在面对困难时更加坚定，也能让我们在生活中更加自信、独立。

回答二：

百度、搜狐的CEO，耐克、安踏的创始人，哪一个不是白手起家？他们之所以昂首挺胸，是因为他们在依靠自己；而那些所谓的"富二代"，虽然拥有一时的得意，但在残酷激烈的竞争中无所作为，始终是要被淘汰的。所以说，父母所拥有的不是我们骄傲的资本，自己争取得到的才会持久。在任何时候，尤其是在艰难困苦的关键时刻，我们要永远记住这样一句话：你，就是自己的依靠。

学会欣赏自己的美

我确实应该更多地欣赏自己的美。

回答一：

欣赏自己绝非孤芳自赏，一个人不应该因为自己的默默无闻而烦恼自卑，看那春寒料峭中的冰凌花，它从来不被人像牡丹那样地宠爱，而它仍旧义无反顾地迎着寒风倔强地开放着。不卑不亢，落落大方，才是一个人有血有肉的风格。平凡是一种美，是一种永恒的美，只要活得有滋味，就不必太在意活着的方式。只有学会欣赏自己，才会发现属于自己的美。

回答二：

确实，我们应该学会欣赏自己的美。这种美不仅仅是指外表上的美丽，更是指内心的善良、真诚和勇气。欣赏自己的美，自信地面对生活的挑战和困难，积极地追求自己的梦想和目标。同时，欣赏自己的美也是一种自我鼓励和激励，能让我们更加坚定地走好自己的人生道路。因此，我会时刻提醒自己，要学会欣赏自己的美，珍惜自己的价值，让自己的人生更加精彩和充实。

最大的敌人是自己

一般的回答

你说得对，我们最大的敌人确实是自己。

开 悟

高情商回答

回答一：

一个人在自己的生活经历和社会遭遇中，如何认识自我，在心里如何描绘自我形象，也就是你认为自己是个什么样的人，成功或是失败、勇敢或是懦弱，将在很大程度上决定自己的命运。你可能渺小，也可能伟大，这都取决于你对自己的认识和评价，取决于你的态度，取决于你能否靠自己去奋斗。很多事情，并不是自己被别人打败了，而是自己被自己的失败心理打败了！

回答二：

确实，我们最大的敌人往往是我们自己。因为我们的内心充满了各种矛盾和冲突，比如自我怀疑、恐惧和不安等。这些负面情绪会阻碍我们前进的步伐，让我们难以达成自己的目标。只有正视自己的弱点，勇敢地面对自己的内心，才能真正地战胜自己。因此，我会时刻提醒自己，要保持内心的平静和自信，勇敢地面对生活中的每一个挑战。只有这样，我才能真正地成为自己的主人，掌握自己的命运。

让信念给你力量

一般的回答

你说得对，我会努力让信念给我力量的。

高情商回答

回答一：

信念是呼吸的空气，是沙漠中旅人的饮水，是我们心中的太阳。信念坚定的人，会无怨无悔地工作，尽心尽力地奋斗，克服前进道路上的坎坷与荆棘，取得辉煌的成就。坚定自己的信念，就会收获丰富，就会得到成功。所以继续追求你所追求的，不要放弃，因为，信念会给你力量。

回答二：

信念是一种内在的力量，它可以让我们在人生的道路上更加坚定和自信。当我们面临困难和挑战时，信念可以让我们保持冷静和清醒，让我们找到解决问题的正确方法和途径。因此，我会时刻珍视自己的信念，让它成为我人生道路上的灯塔和指南针。同时，我也会不断地反思和调整自己的信念，让它更加符合自己的实际情况和需要，从而更好地帮助我前行。

成功需要天时、地利、人和

一般的回答

成功需要天时、地利、人和，缺一不可。

高情商回答

回答一：

成功的确需要天时、地利、人和，这些因素都是不可忽视的。然而，我认为最重要的是人的因素，即人的态度、努力和能力。只有具备了这些内在的品质，才能更好地抓住机遇，应对挑战，实现成功。因此，我会不断地提升自己的能力和素质，积极面对生活中的每一个机遇和挑战，让自己的成功之路更加宽广和顺畅。

回答二：

天时、地利、人和，这些都是成功的重要因素。然而，我认为最重要的是自己的努力和付出。只有付出了足够的努力，积累了足够的经验，才能在机遇来临时迅速抓住，实现成功。因此，我会时刻保持积极的心态，不断地学习和提升自己的能力，努力在生活和工作中做到最好，让成功自然而然地降临。同时，我也会珍惜身边的人和事，与他们和谐相处，共同创造更多的机会和可能性。

做一个心智成熟的人

一般的回答

　　心智成熟意味着能够理性思考、控制情绪、承担责任等。我会努力成为一个心智成熟的人。

高情商回答

　　回答一：

　　心智成熟，意味着我们能够超越自我，以更加全面、客观、理性的视角去看待世界和自己。这样的人，不会被情绪左右，不会被困难击倒，能够冷静分析问题，做出明智的决策。因此，我会努力培养自己的心智成熟度，让自己成为一个更加成熟、稳重、自信的人。

回答二：

心智成熟并非一蹴而就，而是需要长期的自我修炼和磨砺。首先，要有宽广的胸怀，接纳不同的观点和意见，保持开放的心态。其次，要学会独立思考，不盲从他人，有自己的判断和见解。勇于承担责任，不逃避困难，积极面对挑战。再次，具备情绪管理能力，能够冷静应对各种情况，不被情绪左右。最后，要持续学习，不断提升自己的知识和技能，以更好地适应不断变化的世界。

心中有光明，才能点亮奇迹之灯

　　良好的心态是点亮奇迹之灯的必备条件。一个人具备乐观的心态，心中才会充满希望。保持乐观心态的人，即使遇到坎坷，也能看到光明的一面，进而鼓舞自己的斗志，克服前进道路上的困难，创造属于自己的奇迹。如果及时克服不良心态，心中充满光明，那么奇迹之灯就会照亮我们的前程。

让希望为自己引路

一般的回答

　　你说得对，只有希望才可以为我引路。

高情商回答

回答一：

希望，对我们来说并不陌生，但我们未必了解它的真正内涵。在现实生活中，有人总是说看不到希望，有人恰恰相反。其实，每个人每天都可以给自己一个希望，希望是人生的方向，是心中一盏不灭的明灯，是人们前进的动力。面对危险时，希望使我们从容淡定；面对挫折时，希望使我们获得巨大能量。

回答二：

希望是心灵的灯塔，它可以照亮我们前行的道路，让我们在黑暗中看到光明。当我们遇到困难和挑战时，希望可以激发我们的勇气和力量，让我们坚定信念，不断前行。因此，我会时刻让希望为自己引路，不断追求自己的梦想和目标。同时，我也会不断地学习和成长，提高自己的能力和素质，为实现自己的梦想和目标打下更加坚实的基础。只有让希望为自己引路，我们才能走向更加美好的未来。

开 悟

快乐人生要靠自己争取

一般的回答

你说得对，快乐人生确实要靠自己争取。

高情商回答

回答一：

快乐的人生并不是等来的，需要我们主动去争取和创造。每个人的生活环境和经历都不同，所以快乐的源泉也不尽相同。有些人可能从工作中获得快乐，有些人可能从家庭中感受到快乐，还有些人可能从旅行或兴趣爱好中找到快乐。无论快乐来自何处，都需要我们积极地去寻找和创造。因此，我会时刻提醒自己，要主动去争取快乐，让自己的生活更加充实和有意义。

回答二：

人生快乐与否取决于你对人生的看法，保持一颗乐观的心，不论面对风和日丽，还是暴风骤雨，你都能找到生活的意义和乐趣。古罗马哲学家爱比克泰德曾说，让我们感到不安的是我们自己的看法。这句话说明了，人生的快乐与烦恼都是自己对人生的不同看法造成的，所以快乐人生需要自己努力争取。

用感恩的心面对生活

一般的回答

你说得对，我们应该用感恩的心面对生活。

高情商回答

回答一：

感恩是一种美，感恩是一种德，感恩是塑造完美德商指数的

开 悟

终极目标，也是我们快乐人生的追求。在生活中，处处充满值得感恩的地方。周围的人和物，日常生活中的大事小事，只要用感恩的心去面对，你的人生将变得更加美好，你会发现人生充满奇迹。学会感恩，让你对生活多了欣赏、多了爱，少了挑剔、少了抱怨。感恩让平淡生命焕发出不一样的精彩。

回答二：

用感恩的心面对生活，是一种积极向上的生活态度。当心怀感激时，我们会发现生活中充满了美好和温暖，这些美好的瞬间和人会让我们感到幸福和满足。同时，感恩也能让我们更加珍惜和尊重生活中的人和事物，让我们更加懂得回报。我会时刻保持一颗感恩的心，让自己的生活更加充实和美好。我相信，只有用感恩的心面对生活，才能真正地感受到生活的美好和意义。

做自己情绪的主人

一般的回答

你说得对，不应该被情绪左右，我们应该努力做自己情绪的主人。

高情商回答

回答一：

情绪是内心的一面镜子，它反映了我们对外界事物的态度和感受。做自己情绪的主人，意味着要学会掌控自己的情绪，不让情绪控制我们的行为和决策。这需要我们具备一定的情绪调节能力和自我认知能力。当遇到挫折和困难时，要学会保持冷静和理性，用积极的心态去面对问题，寻找解决方案。只有这样，我们才能真正地成为情绪的主人，掌握自己的人生。

回答二:

情绪需要理智和意志加以控制。控制情绪,从表面上看是对自己天性和自由的约束,实际上这种约束却能使我们获得更多的自由。因为在某种程度上,能够控制自己的情绪就意味着主宰了自己的命运。我们要做自己情绪的主人,掌握人生的主动权,不让成功与自己擦肩而过。

不断反思和调整自己

一般的回答

你说得对,我们确实需要不断反思和调整自己。

高情商回答

回答一:

反思和调整自己是一个持续不断的过程,它帮助我们更好地认识自己，了解自己的优点和不足，从而做出更加明智的决策。在生活和工作中，我们会遇到各种各样的问题和挑战，只有不断地反思和调整自己，才能不断进步和成长。

回答二：

人生需要不断反思和调整，这是成长的必经之路。我们要时刻保持谦虚和自省，不断审视自己的行为和决策，发现自己的不足和错误，并及时进行调整和改进。同时，我们也要保持开放和包容的心态，接受他人的建议和批评，从中汲取经验和教训，不断完善自己。

轻装前行，减掉心灵的负荷

人应该学会舍弃。张爱玲说，要舍得，有舍才有得。舍弃不是你真正需要的东西，减掉心灵的负荷，潇洒一点、豁达一点、糊涂一点，不仅要活，还要有质量地活，轻装上阵，笑看人生。也许当人们知道如何舍弃的时候，人生才会表现得淡定和从容吧。

别给自己那么大压力，把肩上的担子放一放

一般的回答

你说得对，我确实应该放下一些压力，让自己轻松一些。

高情商回答

回答一：

确实，有时候我们会给自己太大的压力，让自己背负过重的担子。这不仅会影响我们的身心健康，还会让我们失去前进的动力。因此，学会放下一些压力，让自己轻松一些，是非常重要的。我会时刻提醒自己，不要给自己太大的压力，要学会放松和调整自己的心态。只有这样，才能更好地面对生活中的挑战和困难，创造更加美好的未来。

回答二：

凡是一些事业成功、家庭幸福的人，并不是因为他们担负的责任少就无比轻松，而是他们懂得随时把肩上的担子放一放，从心理上减去一些不必要的担忧、紧张和烦恼等。尽管每日的繁忙工作使他们肩上的担子日趋加重，但是他们仍然能够承受得住。而且，在奋斗的过程中，他们也会懂得苦中作乐。如果看到困难被征服，更是感到无比的欣慰和欣喜。

开 悟

多节制，少享受

一般的回答

你说得对，我们应该多节制，少享受，这样才能更好地实现自己的目标和梦想。

高情商回答

回答一：

人的自制力不是天生的，形成于后期。任何一个人在孩童时代，都谈不上节制，都是贪吃贪睡，毫无顾忌地满足自己。往往随着阅历的增加，身体健康状态的变化，或者在付出惨重的代价后才懂得有所节制。但是，如果到那时才明白节制的重要性，怕是为时已晚。因此，还是让我们养成节制的习惯吧，如此一来，便可摆脱一些不必要的欲望的纠缠，令自己活得轻松愉快。

回答二：

多节制，少享受，确实是一种值得推崇的生活态度。在追求物质享受的同时，我们也不能忽视内心的满足和成长。我们应该学会在享受中控制自己的欲望，避免过度沉迷于物质享受而失去自我。同时，我们也要学会在节制中寻求生活的乐趣，让自己在适度的节制中获得更多的内心满足和成长。这样，我们才能在享受和节制之间找到平衡，过上更加充实和有意义的生活。

学会忘记，做好人生的减法

一般的回答

我们应该学会忘记，做好人生的减法，这样才能更好地前进。

开 悟

高情商回答

回答一:

不论生活中发生了什么不愉快的事情，都要学会忘记，毕竟，还有很多其他乐趣值得我们去欣赏。当感到某些身外之物已经成为心灵的负担时，不妨把自己从记忆的苦海中解脱出来，挥挥手不带走一片记忆的云彩，然后神清气爽地去开创属于自己的新生活。这对于我们恢复内心的平衡大有益处。

回答二:

做好人生的减法，需要我们具备一种超然的心态。要知道，人生中的许多东西都是过眼云烟，不值得我们过分留恋和纠结。要学会忘记那些无关紧要的事情，让自己的心灵得到释放和净化。同时，也要懂得放弃那些不属于自己的东西，不要让自己在贪婪和执着中迷失方向。只有做好人生的减法，我们才能更加专注于自己的人生目标，实现自己的价值和梦想。

学会放弃，更从容地生活

一般的回答

放弃确实是一种智慧，我们应该学会更从容地生活。

高情商回答

回答一：

放弃就是"舍得"。蝌蚪正是因为舍弃了自己的尾巴才长成自由跳跃的青蛙。幼蝉正是因为舍弃了躯壳，才最终爬上树梢，唱出动听的蝉歌。因此，放弃是一种明智，是一份超脱。放弃会让我们生活得更加从容。学会放弃才能恢复心灵的平静。

回答二：

从容地生活，需要学会放弃一些不必要的执着和追求。这并不意味着我们要放弃所有，而是要放弃那些对我们的人生没有实际意义和价值的东西。当学会放弃时，我们会发现自己的生活变得更加轻松和自在，因为我们不再被过去的阴影束缚，而是能够更加自由地追求自己的梦想和目标。因此，让我们学会放弃，从容地生活，享受人生的美好和精彩。

不要给人生预设任何条件

一般的回答

你说得对，我不应该给人生预设任何条件，这样才能更好地适应变化。

高情商回答

回答一：

人生就像一场旅行，充满了未知和变数。如果我们预设了太多的条件，就会限制自己的视野和可能性。因此，我们应该保持开放和灵活的心态，去迎接生命中的每一个挑战和机遇。这样，我们才能真正体验到人生的多彩和丰富，让自己的生命更加充实和有意义。

回答二：

人生的道路是曲折而漫长的，我们很难预测未来会遇到什么困难和挑战。如果我们执着于预设的条件，就可能会让自己陷入困境和迷茫。因此，我们应该学会放下预设的条件，保持一颗平静和勇敢的心，去迎接生命中的每一个挑战和机遇。这样，我们才能更好地成长和进步，实现自己的人生价值。

简化生活，过简约的人生

一般的回答

你说得对，我应该尝试简化生活，过简约的人生，这样才能轻装上阵。

开 悟

高情商回答

回答一：

简化生活并不意味着要放弃一切享受和追求，而是要让我们更加专注于生活中真正重要的事情。简化生活，能够让我们更加清晰地看到自己的目标，从而更加专注地去追求它们。这样，生活会变得更加有意义和充实，我们也会更加快乐和满足。

回答二：

过简约的人生是一种生活态度，它让我们更加珍惜自己所拥有的，避免被物质束缚，让我们能够更加自由地追求自己的梦想和目标。简化生活，能够让我们更加专注于自己的内心世界，从而更加深入地了解自己和世界。这样，生活会变得更加简单、纯粹和美好，我们也会更加感恩和满足。

敢挑战，不做枯井中的驴

人的一生难免会遇到麻烦、遭遇逆境，就像陷入枯井中的驴，也许会被泥土填埋，也许能抖掉身上的泥土，获得新生，关键是要看我们怎么面对——消极还是积极，消极者困于环境，积极者利用环境。如果不去挑战逆境，那么任何事情都能把你埋没，那你永远也没有成功脱险的机会。

有扭转厄运的决心

一般的回答

你说得对，我们必须有扭转厄运的决心，才能在生活中不断前行。

高情商回答

回答一：

一个人，如果仅仅相信自己幸运是不行的，还要有扭转厄运的决心，因为在人生的道路上，不会总与好运相随，随时都会有厄运降临。如果被厄运吓倒，又岂有成功的希望？所以面对厄运时，要有扭转厄运的决心，才能真正地走向幸运。

回答二：

有时候，可能会遇到一些看似无法逾越的障碍，这时候，我们需要的不仅仅是勇气和力量，更需要一种扭转厄运的决心。这种决心能让我们在困境中保持信念，不断寻找突破困境的机会。而且，这种决心也会让我们更加珍惜生活中的每一个机会，让我们在逆境中不断成长和进步。因此，让我们拥有扭转厄运的决心，勇敢地面对生活中的每一个挑战吧！只有这样，才能真正地掌握自己的命运，实现自己的梦想和目标。

超越苦难，屡败屡战

一般的回答

确实，超越苦难，屡败屡战，这是我们应该追求的人生态度。

高情商回答

回答一：

不费多大曲折就能成功的事，算不上大事。举凡强者，必有异于常人之大事业。而世间能称之为大事的，岂可轻而易举？好事多磨，不经过九曲十八弯，没有"屡败屡战"勇毅，几乎没有可能成为强者。所以，让我们保持坚韧不拔的精神，不断超越苦难，创造属于自己的辉煌吧！

回答二：

苦难是人生的磨砺，也是成长的催化剂。面对苦难，我们不能选择逃避，而是应该选择超越。屡败屡战，不仅是对自己能力的挑战，更是对自己意志的考验。每一次的失败都会让我们更加成熟，每一次的挫折都会让我们更加坚定。让我们保持一颗勇敢的心，不断超越苦难，书写属于自己的人生传奇！

奇迹多在厄运中产生

一般的回答

你说得对，奇迹确实经常在厄运中产生，这让我们看到了希望和可能性。

高情商回答

回答一：

当厄运降临时，是选择"就此放弃"，还是选择"迎接挑战"，就在一念之间。只有坚定信念，才能驱除厄运的阴霾，重新收获辉煌。那些成功者为什么能成功？就是因为他们明白当厄运降临时，如果选择"就此放弃"，他们的一生都将会从放弃的那一刻开始沉沦，并终生一事无成。所以为了取得成功，他们的选择就是：张开双臂，迎接挑战。所以，我们要想成功，就要有不放弃的信念，努力拥抱困难，迎接挑战。

回答二：

奇迹的产生往往与厄运相伴，因为只有在逆境中，我们才能真正体验到人生的起伏和波折。而正是这些逆境，锻炼了我们的意志和毅力，让我们更加坚定地走向成功。因此，让我们以积极的心态面对厄运，在困境中展现出更加卓越的能力和智慧，相信奇迹会在不经意间降临。

挑战自我，超越极限

一般的回答

挑战自我，超越极限，这确实是我们应该追求的人生态度。

高情商回答

回答一：

挑战自我，超越极限，是人生中最具价值和意义的事情之一。通过不断地挑战自我，我们能够不断突破自己的能力和潜力，实现自我价值的最大化。同时，超越极限也能够让我们更加深入地了解自己和世界，拓宽我们的视野和思维。因此，让我们保持一颗勇敢的心，不断挑战自我，超越极限，为自己的人生创造更加辉煌的未来！

回答二：

挑战自我，超越极限，不仅需要勇气和决心，更需要智慧和
策略。我们应该在挑战中保持冷静和理性，不断分析自己的优势
和不足，制定科学的策略和计划，最大限度地发挥自己的潜力。
同时，我们也应该学会在挑战中保持平衡和稳定，不断调整自己
的心态和情绪，以应对各种可能的风险和挑战。只有这样，才能
真正地挑战自我，超越极限，实现自己的人生价值。

超越自己，
每天进步一点点

今天笑容比昨天多一点点，今天走路比昨天精神一点点，今天行动比昨天快一点点，今天效率比昨天提高一点点，今天方法比昨天多找一点点……每天进步一点点，看似平淡无奇，缺乏雄心和魄力，却具有无穷的威力。只要你有足够的耐力坚持下去，成功必将属于你。每天进步一点点，假以时日，我们的未来与今天相比将会有天壤之别。

生命的意义在于不断进取

一般的回答

你说得对，生命的意义确实在于不断进取，只有不断追求进步，才能让生命更加充实和有意义。

高情商回答

回答一：

人生的进步与成功，正是因为有了不断进取的精神，这种永不停息的自我推动力，激励着人们向自己的目标前进。永不放弃、不断进取是激发人们抗争命运的力量，是完成崇高使命和创造伟大成就的动力。一个有进取心的人，会像被磁化的指南针那样显示出矢志不移的神秘力量。

回答二：

生命的意义不仅仅在于生存，更在于如何生存。不断进取，是我们对生命最好的诠释。无论是追求知识的深度，还是拓宽视野的广度，无论是提升技能的熟练度，还是增强内心的坚韧度，都是不断进取的表现。每一次的进步，都是对生命意义的深化理解。所以，让我们以进取的态度，去感悟生命，去体验生活，去创造属于自己的精彩。

做最好的自己

一般的回答

是的，我们都应该努力做最好的自己，不断提升自己，实现自我价值。

高情商回答

回答一：

做最好的自己，不仅是对自己的期许，更是对生活的尊重。每个人都应该有自己独特的闪光点，都应该在自己的领域里做到最好。这不仅需要我们有足够的实力和才华，更需要我们有不懈的努力和追求。以积极的心态去追求最好的自己，让生活因我们的努力而更加精彩。

回答二：

"最好的自己"并不是一个固定的标准，而是一个不断追求的过程。每一天，我们都在成长、进步，都在向着更好的自己前进。在这个过程中，会遇到挫折和困难，但只要我们保持坚定的信念，不断学习和提升，就一定能够成为更好的自己。

把批评当作成长的助推器

一般的回答

批评的确可以帮助我们发现问题，改进不足，从而促使我们成长。所以，我们应该把批评当作一种成长的助推器，虚心接受，认真改正。

高情商回答

回答一：

批评，是成长的助推器。一个人在生活中总会听到不同的声音，有赞美就有批评。遇到赞美时，不要骄傲自满，遭到批评时，也不要埋怨，要把别人的批评当作前进路上的助推器，不断完善自己。每个人都不是完美的，每个人都有诸多的缺点。批评正是揭发缺点的一种好方法，我们应当欢迎。

回答二：

批评，虽然有时刺耳，但却是对我们最真实的反馈。它像一面镜子，让我们看清自己的不足，也让我们看到改进的空间。所以，我们不应该害怕批评，而应该把它当作一种宝贵的资源，用它来推动自己的成长。让我们用一颗感恩的心去接受批评，用一颗坚韧的心去面对挑战，用一颗勇敢的心去超越自己。

把握现在，才能赢得未来

一般的回答

你说得没错，只有把握住现在，我们才能赢得未来。现在是我们能够掌控的唯一时刻，所以我们必须珍惜每一个现在，努力实现自己的梦想和目标。

高情商回答

回答一：

把握现在，是通往未来的必经之路。未来是由现在积累而成的，每一个现在都在塑造未来。因此，我们不仅要关注未来，更要珍惜现在，让每一个现在都充满意义和价值。只有这样，才能真正赢得未来，实现自己的梦想和目标。

回答二：

"把握现在，才能赢得未来"，这句话是对人生的启示。未来是由现在构成的，而现在的每一刻都充满了无限的可能性。所以，我们应该珍惜每一个现在，用心去感受它、去把握它、去创造它。只有这样，才能真正赢得未来，让我们的梦想和目标成为现实。

努力向前，
驾驭人生的大局面

　　明朝开国皇帝朱元璋和闯王李自成，都是贫苦出身，都有投军的经历，都作战勇猛，都在一路东征西讨中夺取了政权，可以说他们都把局面做大了，可其结局却大不一样。朱元璋成为明朝开国皇帝，大明王朝延续了276年，而李自成却在北京仅仅40多天就不得不退出京城，最终死于九宫山下，造成千古遗憾，让人叹息不已。

　　究其原因，李自成虽然英勇无比、所向披靡，但在局面做大后缺乏忧患意识，不知网罗人才，尤其贪图安逸、不思进取，最终才落到如此下场。历史的教训，发人深省。

永远不要骄傲自满

一般的回答

骄傲自满会让我们失去谦虚和学习的态度，导致我们停滞不前，甚至倒退。因此，我们应该时刻保持谦虚和自省，不断学习和进步，永远不要骄傲自满。

高情商回答

回答一：

骄傲自满是浮躁的一种表现，骄傲会导致盲目自信，甚至不思进取。凡是骄傲自满的人没有不失败的。人都有表现的欲望，喜欢表现自己的长处，遮掩自己的短处，使自己看起来与别人不同，但这种欲望得不到控制，就会发展成为骄傲。骄傲的人自我感觉良好，目中无人，听不进别人的意见和建议，最终会导致失败。明白了这些道理，我们时刻都要警惕不能骄傲，不管是生活上，还是工作上，不管是在修养上，还是在学术上，都需要不断地学习，充实自己。

回答二：

骄傲自满是一种自我毁灭的态度。它会让我们失去对自己的正确认识，让我们盲目自信，不再愿意听取他人的意见和建议。这样的态度会让我们失去进步的机会，甚至让我们陷入危险的境地。因此，我们应该时刻保持谦虚和自省，不断反思自己的不足，努力改进自己，让自己变得更加出色。

别让名利蒙住双眼

一般的回答

你说得对，名利确实容易让人迷失方向。我们都有被蒙蔽的时候，需要时刻提醒自己，保持警惕。

高情商回答

回答一：

为了追逐名利，很多人不择手段、钩心斗角，因此淡漠了亲情，失去了友情，费尽心机得到了名利，但他们失去的更多。也许真有所谓"名利双收"，可他们并没得到想象中的幸福。名和利生不带来死不带去，也许直到终老的那一天，他们才会明白这个本来很浅显的道理。幸福与否，冷暖自知，要想生活得快乐些，就要学会调整自己的心态，不要有太重的名利得失心，学会辩证地看待周围的事物，做自己生活的主人。

回答二：

名利是一把双刃剑，它可以激励我们追求更高的目标和更好的生活，但也可能让我们失去自我和本心。因此，我们需要学会正确地看待和处理名利。要时刻提醒自己，不要让名利成为我们前进路上的绊脚石，而是应该把它当作一种动力和激励，让自己更加努力地追求自己的梦想和目标。

活到老，学到老

一般的回答

确实，我们应该不断地学习，不论年龄大小，都要保持学习的热情。这样才能跟上时代的步伐，更好地生活和工作。

高情商回答

回答一：

学习是一辈子的事情，需要持之以恒的精神，只有不断积累，才能造就自己。尤其是局面做大之后，说明你已迈向了另一个成功的起点，新的挑战在等待着你，这时候更不能有丝毫懈怠之心。

回答二：

学无止境，这是一个永恒的真理。不论我们处在哪个年龄阶段，都不应该停止学习的步伐。因为，只有不断学习，我们才能保持对世界的敏感和好奇，才能不断提升自己的能力和素质，才能更好地适应社会的变化和发展。把学习当作一种习惯、一种责任、一种对自我成长的投资，不断追求知识的深度和广度，让我们的生活更加充实和有意义。

与人合作要互惠双赢

一般的回答

确实，与人合作要互惠双赢，这样才能实现双方的利益最大化，也是合作的长久之计。

高情商回答

回答一：

合作是一种相互依存、互惠互利的行为。只有在双方都能从中受益的情况下，合作才能持久和稳定。因此，我们应该注重在合作中寻求共同点，让双方都能获得利益，实现双赢。同时，我们也要尊重对方的利益，这样才能建立长期的合作关系，实现共同发展。

回答二：

目光短浅的人只贪图眼前利益，得到好处只想自己独吞，结果往往因贪一时小利，而失去了长远的大利，真可以说是捡了芝麻，丢了西瓜。因此，无论是人情世故还是生意场上，只要涉及利益就要与大家共享，这样才能保持长久的合作关系。相反，如果光顾一己之利，而无视对方的权益，只能使自己的路越走越窄。

培养优雅的举止礼仪

一般的回答

优雅的举止礼仪是社交中的重要素质，可以展现出我们的个人魅力和修养。因此，我们应该注重培养自己的举止礼仪。

高情商回答

回答一：

自古以来，礼仪和礼貌就是人生中很重要的内容。公共场合我们要讲礼仪，因为没有礼仪做不成生意，没有礼仪留不住顾客，这些都是众所周知的。

当然，礼貌也一样重要。礼貌代表一个人的基本素质，一个人没有礼貌很难在社会上生存和发展，更不要说有所作为。所以，我们要懂社交礼节，做一个有礼貌的人。培养优雅的举止，将高雅的一面充分展示出来，一定会为你的形象增光添彩。

回答二：

举止礼仪是社交中的一张名片，可以反映出我们的性格、修养和文化素养。一个举止得体、礼貌周到的人，不仅能够在社交场合中受到他人的欢迎和喜爱，更能够在工作和生活中获得更多的机会和成功。因此，我们应该注重培养自己的举止礼仪，从日常生活的点滴做起，比如保持微笑、注意姿态、尊重他人等，以展现出自己优雅、自信的一面。同时，我们也要不断学习和提升自己的文化内涵，以更好地展现自己的个性和魅力。

把自身长处发挥到极限

一般的回答

我们要善于扬长避短，发掘自己的潜力和优势，不断挑战自己，实现自我价值。

高情商回答

回答一：

一个人不仅要看到自己的长处、自己的有利条件，更要学会扬长避短。只要你能够这样去做，就没有战胜不了的困难，就没有越不过的高山。诚然，条件是做事成败的一个因素，但不是决定因素。只要不被不利条件所束缚，扬长避短，那么成功并非非分之想。

回答二：

发挥自身的长处是一种自我提升和成长的过程。我们应该善于发掘自己的潜力和优势，并在实践中不断挑战自己，突破自己的局限。同时，我们也要保持谦虚和自省，不断反思自己的不足和需要改进的地方，以便更好地发挥自己的长处。只有这样，我们才能在激烈的竞争中脱颖而出，实现自己的价值和梦想。

人生的每一堂课，你都逃不了

一般的回答

确实，人生的每一堂课都是我们必须要面对的，无论是好是坏，它们都是我们成长的必经之路。我们需要勇敢地接受挑战，从中学习和成长。

高情商回答

回答一：

人生的每一堂课都是我们生命中不可或缺的一部分。它们可能是愉快的，也可能是痛苦的，但无论如何，我们都需要学会面对和接受。哪怕是大学教授、商业大佬，如果缺少了必备的知识和情操，也将在生活中摔得头破血流，受到教训。

回答二：

确实，人生的每一堂课都是我们无法逃避的。这些经历，无论好坏，都是我们成长的催化剂。它们教会我们如何面对挑战，如何克服困难，如何坚持自己的信念。因此，我们应该以开放的心态去接受这些课程，从中学习和成长，让自己的人生更加丰富多彩。同时，我们也要珍惜这些经历，因为它们是我们人生中宝贵的财富，会让我们变得更加坚强和有智慧。

从三个维度重塑人生，开启新生活

当我们站在人生的十字路口，面对种种选择和困惑时，如何重塑自己的人生，开启一段崭新的生活呢？从"重塑习惯"、"重塑能力"和"重塑心态"这三个维度出发，就可以找到你想要的答案。

维度一：重塑习惯

习惯是生活中无形的力量，它在我们的日常生活中起着决定性的作用。良好的习惯可以使我们的生活更加有序、高效和愉快，而不良的习惯则可能阻碍我们的进步，甚至导致我们陷入困境。因此，重塑习惯是开启新生活的重要一步。

重塑习惯需要我们首先认识到自己的现有习惯，并对其进行深入的分析。哪些习惯是有益的，哪些习惯是有害的，哪些习惯需要改进，这些都是我们需要思考的问题。然后，我们需要制订一个明确的计划，逐步改变那些不良的习惯，同时培养和坚持那些有益的习惯。

重塑习惯是一个需要耐心和毅力的过程，但每一步的进展都将为我们的未来打下坚实的基础。我们可以从日常生活中的小事做起，比如每天定时起床、保持规律的饮食、定期锻炼等。这些看似微不足道的习惯，却能够在潜移默化中改变我们的生活方式和思维方式，使我们更加健康、自信和积极。

当然，在重塑习惯的过程中，我们也可能会遇到各种挑战和困难。有时候，我们可能会因为缺乏动力而难以坚持；有时候，我们可能会因为受到诱惑而放弃原有的计划。但是，只要我们保持坚定的信念和决心，不断地调整和改进自己的计划，就一定能够战胜困难，走向成功的彼岸。

重塑习惯不仅是个人的事情，也需要身边人的合作和支持。我们可以与家人、朋友、同事分享自己的计划和进展，寻求他们的鼓励和支持。同时，我们也可以成为他们重塑习惯的伙伴和助手，相互激励、相互支持，共同迈向更加美好的未来。

维度二：重塑能力

能力是我们实现目标、应对挑战的基础。重塑能力，就是不断提升自己，使自己能够更好地适应生活的变化，更好地实现自己的梦想。

重塑能力需要我们保持学习的热情，不断地学习新的知识和技能。同时，我们也需要对自己的能力进行深入的挖掘，找出自己的潜能和特长，然后有针对性地进行提升。此外，我们还需要注重实践，通过实践来检验和提升自己的能力。

在重塑能力的过程中，我们不能忽视自己的情感和心理状态。健康的心态可以激发我们的潜能，提高我们学习和工作的效率。因此，我们需要学会管理自己的情绪，保持积极向上的心态，以更好地应对挑战和困难。

同时，我们也需要不断地反思自己的行为，从中吸取教训，总结经验，不断完善自己。通过反思，我们可以发现自己的不足之处，及时进行调整和改进，不断提高自己的能力水平。

重塑能力需要我们保持耐心和毅力。能力的提升不是一蹴而就的，需要我们不断地付出努力和时间。我们需要坚持不懈地学习和实践，不断地挑战自己，才能取得真正的进步和成就。

维度三：重塑心态

心态决定我们的态度，态度决定我们的行动，行动决定我们的结果。因此，重塑心态是开启新生活的关键一步。

保持积极、乐观的态度，是我们重塑心态的第一步。生活中没有过不去的坎，只要我们有信心、有决心，就一定能够战胜困难，迎接新的挑战。这种积极、乐观的态度，就像一盏明灯，照亮我们前进的道路，让我们在黑暗中不再迷茫、不再恐惧。

第二步，学会调整自己的心态。有时候，会遇到一些让自己感到沮丧、失落的事情，这时候，我们需要做的，就是调整自己的心态，让自己保持平和、冷静。只有这样，才能更好地应对生活的变化，更好地处理各种复杂的问题。

最后，保持开放的心态。我们需要接纳新的思想和观念，只有这样，我们的生活才会更加丰富和多彩。新的思想和观念，就像新鲜的空气，让我们的生活充满活力和生机。敢于尝试新的事物，敢于接受新的挑战，这样，我们的生活才会更加精彩、更加有意义。

从"重塑习惯""重塑能力""重塑心态"这三个维度出发，为自己的人生开启一个全新的篇章。在这个过程中，我们需要保持坚定的信念和决心，不断地挑战自己、提升自己。只有这样，才能在生活的道路上走得更远、更稳、更好。

三个维度重塑人生

重塑习惯

重塑能力

重塑心态